我国食品安全突发事件中政府信息公开的模式研究

吴卫军　等◎著

知识产权出版社
全国百佳图书出版单位
—北京—

图书在版编目（CIP）数据

我国食品安全突发事件中政府信息公开的模式研究／吴卫军等著．—北京：知识产权出版社，2023.4

ISBN 978-7-5130-8752-0

Ⅰ.①我… Ⅱ.①吴… Ⅲ.①食品安全—突发事件—信息管理—研究—中国 Ⅳ.①TS201.6

中国国家版本馆 CIP 数据核字（2023）第 083703 号

责任编辑：齐梓伊   责任校对：谷　洋

执行编辑：凌艳怡   责任印制：孙婷婷

封面设计：瀚品设计

我国食品安全突发事件中政府信息公开的模式研究

吴卫军　等著

出版发行：知识产权出版社有限责任公司		网　　址：http://www.ipph.cn	
社　　址：北京市海淀区气象路 50 号院		邮　　编：100081	
责编电话：010-82000860 转 8176		责编邮箱：443537971@qq.com	
发行电话：010-82000860 转 8101/8102		发行传真：010-82000893/82005070/82000270	
印　　刷：北京建宏印刷有限公司		经　　销：新华书店、各大网上书店及相关专业书店	
开　　本：720mm×1000mm　1/16		印　　张：12.75	
版　　次：2023 年 4 月第 1 版		印　　次：2023 年 4 月第 1 次印刷	
字　　数：210 千字		定　　价：68.00 元	

ISBN 978-7-5130-8752-0

四川省社会科学"十三五"规划 2017 年度项目（编号：SC17A006）

四川省软科学研究 2021 年度项目（编号：2021JDR0339）

区域公共管理信息化研究中心 2020 年度项目（编号：GXH20 – 02）

电子科技大学哲学社会科学繁荣计划团队培育项目（编号：ZYGX2016STK02）

▮ 目　录 ▮

第一章　绪　　论

食品安全突发事件是万众瞩目的重大社会事件，对其政府信息公开问题进行研究具有重要的理论意义和实践价值。随着经济全球化、贸易自由化和国际食品科学技术的迅速发展，食品安全的重要性愈加凸显。多年来，"三鹿奶粉""地沟油""瘦肉精""塑化剂""僵尸肉"以及"成都七中实验学校食品安全事件"等食品安全突发事件，持续刺激公众敏感的神经，情况严重的甚至直接给公众身心健康及生命安全造成损害，引发了社会公共危机。早在 2008 年 9 月"三鹿奶粉"事件发生时，时任国务院总理温家宝正好在美国出席联合国相关会议，在参加美国友好团体举行的欢迎宴会时，他表情肃然、语气沉重地说：最近我们发生了一起婴幼儿奶粉的公共卫生事件，给消费者特别是婴幼儿的身体健康带来了极大危害，也造成了严重的社会影响，作为政府负责人，我感到十分痛心，并特别指出更重要的是从这场事件中吸取教训。此后，各级党委、政府不断强化食品安全监管工作。党的十九大报告明确提出了实施食品安全战略，2019 年 5 月 9 日，《中共中央 国务院关于深化改革加强食品安全工作的意见》中明确指出"我国食品安全工作仍面临不少困难和挑战，形势依然复杂严峻"，"这些问题影响到人民群众的获得感、幸福感、安全感，成为全面建成小康社会、全面建设社会主义现代化国家的明显短板"，因此"必须深化改革创新，用最严谨的标准、最严格的监管、最严厉的处罚、最严肃的问责，进一步加强食品安全工作，确保人民群众'舌尖上的安全'"。在此基础上，该文件明确了一系列政策举措和深化改革的要求，并专门提出要强化食品安全突发事件的应急处置，即"强化突发事件应急处置。修订《国家食品安全事故应急预案》，完善事故调查、处置、报告、信息发布工作程序。完善食品安全事件预警监测、组织指挥、应急保障、信息报告制度和工作体系，提升应急响应、现场处置、医疗救治能力。加强舆情监测，建立重大舆情收集、分析研判和快速响应机制。"[①]

信息是突发事件应对和处置环节中不可或缺的重要因素。突发事件引发的不实信息和负面情绪，需要政府通过信息公开加以正面引导。特别是在互联网普及的新媒体时代，人人都可成为信息的生产者、传播者和消费者。借助微博、微信、网络社区等渠道，公众可以直接参与到突发事件中，甚至影响舆论走向。新媒体技术的大众化使得信息公开在突发事件应对中的作用更加突出。现阶段，公众对食品的需求已从温饱型向营养健康型转变，对于食品安全的关注已达到空前的高度。[②] 在食品安全突发事件中，由于食品安全问题本身成因复杂、专业性强，公众所感知到的风险更直接，再加上事件具有的突发性特征，在其信息传播过程中充斥着各种不确定性，迫切需要大量的信息去弥补空缺。[③] 因此，政府信息公开是食品安全事件的"刚性标准"。

就当前而言，2007 年颁布的《中华人民共和国突发事件应对法》（以下简称《突发事件应对法》）以及 2019 年修订的《中华人民共和国政府信息公开条例》（以下简称《政府信息公开条例》）虽然从不同角度强调了政府信息公开在突发事件中的作用，但并未形成完整的制度体系。在理论层面，学界对于食品安全突发事件的研究，更多的是从突发事件应急处置的角度进行分析并提出改革建言，有关食品安全突发事件中信息公开的研究较为稀缺。实践中，一旦出现突发事件，往往存在地区封锁信息、当地政府部门信息分析预警缺失、舆情管理混乱等现象。典型如 2019 年暴发的"成都七中实验学校食品安全"事件，原本是学校与家长因学生出现身体不适进行磋商，但因一则不实消息引起社会各界的关注。地方政府在处置事件过程中，未对相关信息及时公开和澄清，使得公众在谣言的影响下出现过激的情绪，事情持续发酵，进而引发公众聚集并严重影响社会秩序。正因如此，2021 年 8 月印发的《法治政府建设实施纲要（2021—2025 年)》第十七点明确提出，要提高突

---

① 见《中共中央 国务院关于深化改革加强食品安全工作的意见》第三十三点。
② 王丽洁：《供给侧结构性改革视域下食品安全监管探析》，载《中州学刊》2017 年第 4 期。
③ 庹继光、陈叙：《公民在突发事件信息传播中的地位与责任探析》，载《学习论坛》2017 年第 5 期。

发事件依法处置能力，"加强突发事件信息公开和危机沟通，完善公共舆情应对机制"。① 在此背景下，研究政府信息公开在食品安全突发事件中的实际运行状况，深入分析并借用类型化方法开展针对性研究，进而提出改革建言显得尤为重要，具有重要的理论意义和实践价值。

本书对食品安全突发事件中政府信息公开运行模式的研究，遵循了理论与实践、定性与定量相结合的基本原则。在运行模式假设的基础上，立足于我国食品安全突发事件的实际状况，探索政府信息公开的动态演化规律，力求探寻一条顺应社会环境需求的发展路径，这对于提升我国政府突发事件应对能力，促进社会持续健康发展具有重要的现实价值。

从理论研究角度看，我国处于社会转型期，各种社会矛盾凸显，各类突发公共事件逐渐增多。不同类型突发事件的成因及其演进过程存在较大差异，应对的方式方法也应有所区别。食品安全突发事件作为关系每一个民众切身利益的重要事件，已经引起学界的广泛关注，但现有研究成果主要集中于食品安全突发事件应急管理对策的研究，有关突发事件中政府信息公开的成果尚不多见，从类型化角度进行分析的研究更是缺乏。本书将在基本理论、文本解读、实践分析的基础上，综合运用多学科知识，立足于政府信息公开是食品安全突发事件应对的基本要件之认知，借助类型化分析范式，系统揭示我国当前食品安全突发事件中政府信息公开机制存在的缺陷及其成因，并有针对性地设计优化策略；同时因发现一些学界未曾注意或重视的现象（如我国食品安全突发事件中政府信息公开实践的演进轨迹、各方主体在政府信息公开过程中的博弈情况等），进而提出一些不同于以往的学术洞见（如政府信息公开从压力型模式迈向回应型模式的逻辑进路等），以加深学界对该问题的理解和认识。这能在一定程度上丰富法学理论成果，弥补学术研究的薄弱环节，因而具有较为独到的理论价值。

从实际应用角度看，在食品安全突发事件频发的背景下，公众对食品安全的关注度日益提升，特别是新媒体环境下，公众身份已从单纯的信息受众变为集信息接收、传播、评论为一身的主体。食品安全突发事件在信息技术

---

① 见《法治政府建设实施纲要（2021—2025 年）》第十七点。

强大的舆论制造能力下极易演变为全社会的舆情热点。政府信息公开不及时或渠道不通畅，会给不实信息可乘之机，进而影响事件之解决。从近年来食品安全突发事件中谣言滋生以及网络舆情中公众对政府信息的质疑看，当前在食品安全突发事件中政府信息公开在实际操作中还存在诸多问题。本书对政府信息公开的分析，立足于典型案例与问卷调查基础之上，对政府信息公开运行现状之揭示可能更接近真实情况，对模式转型之必要性与应然性的阐述可能更为准确深刻，在此基础上提出的回应型模式之实现策略可能更具针对性与操作性，可能产生更好的应用效果。由此出发，本书之研究结论能为食品安全突发事件政府信息公开的立法完善与实务操作提供建设性解决思路，充分彰显学术研究服务社会实践的功效，因而具有较为独到的应用价值与现实意义。

1.1 国内外相关研究概述

文献综述是学术研究的起点与归属，在对主题展开分析前，有必要对国内外学术研究的脉络与现状进行系统梳理，进而明确本书的研究思路与研究重点。

1.1.1 国外相关研究

"突发事件"是我国常用的法律术语与专有名词，在国外，与之相近的概念主要有危机事件、危机状态、紧急状态、危机管理等。国外对突发事件中政府信息公开之研究有两个源头：一是有关国家行为公开和知情权的研究；二是有关危机管理与公共危机的研究。

国外对国家行为信息公开的研究历时较长，早在 17 世纪，英国思想家洛克就在《政府论》中指出，"无论国家采取什么形式，统治者应该以正式公布的和被接受的法律，而不是临时的命令和未定的决议来进行统治"[①]。在政治条件和启蒙运动思想的作用下，1766 年瑞典颁布了《出版自由法》，确立

---

① 张庆福、吕艳滨：《论知情权》，载《江苏行政学院学报》2002 年第 1 期。

了信息公开的原则。19 世纪德国的思想家们提出了"国家行为公开论"的主张，国家行为公开被认为是包含议会的公开、审判的公开和法律的公开，公开的范围不仅包括一些政府所掌握的公共信息，还包括一些行为及程序。20世纪 50 年代以来，随着世界范围内掀起政府改革的浪潮，政府信息公开的研究成为热点和趋势。有关政府信息公开的研究文献数量逐年增加。以"Web of Science"网页上搜索的数据为例，1950 年至 2019 年有关政府信息公开的文献数量有 2019 篇，如图 1 – 1 所示。

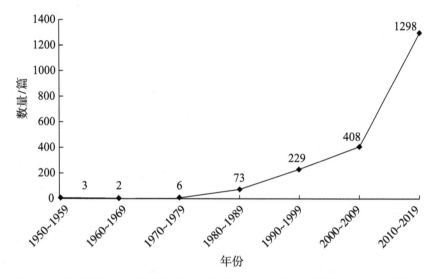

图 1 – 1 20 世纪 50 年代至 2019 年国外关于政府信息公开的研究文献数量统计

注：以"government information disclosure"为检索主题，文献类别包括文章、新闻、会议、书、文献综述；检索的时间范围为 1950 ~ 2019 年。

通过文献检索与分析发现，国外对政府信息公开的研究着重从理论基础、法律制度建设、网络化与数字化发展以及危机管理等方面进行。知情权是政府信息公开最主要的理论来源，国外学者对于政府信息公开的研究大多涉及知情权理论。比如 Ivester 认为，"知情权是一项宪法权利，它的职权范围包括有权从有意愿的主体接收信息以及从没有意愿的政府主体处获取信息"。[①]由此可以看出，政府之所以进行信息公开，在于法律赋予了信息接收者提出

---

① David M. Ivester, "The Constitutional Right to Know," *Hastings Constitutional Law Quarterly*, 1977 (4).

要求的权利。对知情权认识的加深，推动了信息公开法治化的进程，1966 年美国颁布了《信息自由法》，此后丹麦的《公众获取行政档案文件法》、法国的《获取行政文件法》、荷兰的《1978 年公众获取信息法》等相继出台。[①] 国外学界也将目光投向法律实践，以 Worthy B. 的研究为例，其主要探讨了英国 2000 年《信息自由法》（FOIA）对英国中央政府的影响，将英国与爱尔兰、新西兰、澳大利亚和加拿大的类似立法作了简要比较。得出结论是，FOI 已经实现了提高透明度和问责制的核心目标，但另外一些诸如提高政府决策质量、增进公众对决策的了解、增加公众参与、公众信任的越来越多等目标尚未实现。20 世纪 80 年代后，随着信息技术的发展，以 Woo-young Rhee 为代表的学者，结合信息社会的特征，对国家信息公开法律制度的适应性加以分析，从中提出完善制度的建议。比如 Alcaraz-Quiles，Navarro-Galera，Ortiz-Rodríguez 就认为，"电子政务信息和通信技术是良好治理的关键因素，可促进公共实体信息公开的可持续性"。[②]

国外有关危机管理与公共危机的研究发端于 20 世纪二三十年代，早期研究主要关注工业社会中企业面临的各种经营危机及其管控。至 20 世纪五六十年代，关于公共危机的研究开始出现并日益增多，早期代表人物主要有格雷厄姆·艾利森、罗伯特·吉尔、查尔斯·蒂利等人，而塞缪尔·亨廷顿在《变化社会中的政治秩序》（1968）一书中主张发展中国家只有建立强大政府才能避免政治动荡和暴力冲突的观点，在当时公共危机研究领域影响颇大并风靡一时。此后，关于公共危机的研究并形成一定影响力的成果不断涌现，如此后，关于公共危机有影响的成果不断涌现，如 Gurr 的 *Handbook of Political Conflict：Theory and Research*（1980），Zimmermann 的 *Political Violence，Crises，and Revolutions：Theories and Research*（1983），Fink 的 *Crisis Management：Planning for the Inevitable*（1986），迈克尔·里杰斯特的《危机公关》（中文版，1995），诺曼·R. 奥古斯丁的《危机管理》（中文版，

---

① 杨伟东：《政府信息公开主要问题研究》，法律出版社 2013 年版，第 11 页。

② José Alcaraz-Quiles, Andrés Navarro-Galera, David Ortiz-Rodríguez, "Factors Influencing the Transparency of Sustainability Information in Regional Governments：An Empirical Study," *Journal of Cleaner Production*, 2014（11）.

2001)，劳伦斯·巴顿的《危机管理》（中文版，2009），乌尔里希·贝克何博的《风险社会》（中文版，2018）等。

20 世纪后半叶，自然灾害、传染疾病以及社会冲突等不稳定因素的出现引发了各种社会危机，政府信息公开已经成为公共危机管理中必不可少的一部分，引起了许多国家政府与学者的高度重视。国外学者往往将突发公共事件、紧急状态等统一归属于危机管理的研究范畴，故国外对突发事件中政府信息公开的研究主要以危机管理为切入点。例如，French P. E. 认为："为了预测和减轻严重的卫生危机，需要提前很长时间进行有效规划，规划的合法性可以通过更大的透明度和公民参与，让所有利益相关者参与决策制定、整个社区模拟演练以及让公众更多地获得全面的应急规划信息。"[①] Hatanaka等从"信息灾难"的角度，分析福岛第一核电站事故和其他的灾难中政府的响应情况，对政府应对存在的问题提出了修订核应急指南和医疗机构信息沟通制度等建议。[②] Tung-Mou Yang 等主要从政府机构、信息中介、公众三者关系的应急信息模型的分析出发，强调媒介与专家在政府信息公开中的协调作用，这对处理政府与公众间关系有着重要的启示。[③] 此外，国外也有研究专门论及食品安全突发事件中的政府信息公开问题，比如，Riston 等从经济学中信息不对称的角度出发，深入研究了食品安全事故中各方掌握信息不对称的问题。[④] French S. 、Maule 和 Mythen 从信息公开的角度研究了食品安全的应急管理问题，认为为了更好地保护消费者的知情权，政府应协调生产者等共同对外披露食品安全信息。[⑤] Takahiro Fujiwara 与 Takashi Watanab 则认

① P. Edward French, "Enhancing the Legitimacy of Local Government Pandemic Influenza Planning Through Transparency and Public Engagement," *Public Administration Review*, 2011, 72 (2).

② Takashi Hatanaka, Sumito Yoshida, Mayo Ojino, et al, "The Communication of Information Such as Evacuation Orders at the Time of a Nuclear Power Station Accident: Recommendations for Responses by the National Government and Electric Power utilities to the Information Disaster," *Japan Medical Association Journal*, 2014, 57 (5·6).

③ Tung-Mou Yang, Terrence A. Maxwell, "Information-sharing in Public Organizations: A Literature Review of Interpersonal, Intra-organizational and Inter-organizational Success Factors," *Government Information Quarterly*, 2011, 28 (2).

④ Christopher Ritson, Li Wei Mai, "The Economics of Food Safety," *Nutrition & Food Science*, 1998 (5).

⑤ Simon French, A. J. Maule, G. Mythen, "Soft Modelling in Risk Communication and Management: Examples in Handling Food Risk," *Journal of the Operational Research Society*, 2005 (8).

为，政府通过网络平台积极主动地披露信息能加强与公众间的沟通和交流，进而在政府与公众间形成良好的互动关系。① Caswell 和 Padberg 认为政府对食品安全公共信息的披露影响着消费者的消费行为。② 这些研究，从不同视角揭示了政府信息公开对于食品安全突发事件应对处理的重要意义，值得我们吸收和借鉴。

1.1.2　国内相关研究

1949 年后相当长的一段时间，基于高度同质化的社会架构与权力集中的管理模式，除自然灾害外，其他类型突发事件在我国并不多见，学者对危机管理、紧急状态、突发事件的研究极少。在中国知网上检索，中华人民共和国成立后最早的相关中文文献是 20 世纪 90 年代初的一些研究，如赵举还的《突发事件及其对策》（1990）。对政府信息公开的研究更为滞后，中国知网上能够检索到的最早的中文文献出现于 90 年代后期，如冯飞的《建立政府信息公开制度》（1997）等。此后，一批专门研究政府信息公开的论著陆续问世。周庆山在《我国信息政策的调整与信息立法的完善》一文中，对政府信息及政府信息公开进行了明确的界定，并且从国家信息政策角度，分析了政府信息公开的必要性，③ 这属于较早的国内关于政府信息公开的研究。进入21 世纪，政府信息公开在实践中逐步受到重视，也引发了学术界更多的关注。中国社科院法学研究所公法研究中心于 2000 年 2 月立项了关于信息时代与中国政府信息公开制度的研究课题，该课题为国内第一次系统研究政府信息公开制度的尝试。④ 此后，讨论政府信息公开的文章逐渐增多，以"读秀学术"和"中国知网"综合搜索信息为例，1995 年至 2019 年国内有关政府信息公开的研究文献数有 12319 篇。

随着"政府信息公开"研究的不断铺开，政府信息公开制度化、法治化

---

① Takahiro Fujiwara, Takashi Watanabe, "An Ad hoc Networking Scheme in Hybrid Networks for Emergency Communications," *Ad Hoc Networks*, 2005 (3).

② Julie Caswell, Daniel Padberg, "Toward a More Comprehensive Theory of Food Labels," *American Journal of Agricultural Economics*, 1992 (2).

③ 周庆山：《我国信息政策的调整与信息立法的完善》，载《法律文献信息与研究》1996 年第 1 期。

④ 周汉华：《政府信息公开：比较，问题与对策》，载《环球法津评论》2001 年第 2 期。

以及实践现状成为学者重点研究的方向。在政府信息公开制度化方面，最早的研究主要集中在域外国家政府信息公开制度的研究上。徐炳、朱芒、周健、肖永英等学者分别对美国、日本、加拿大以及英国等政府信息公开制度的发展和立法概况进行了研究，为我国信息公开制度的发展带来借鉴与启发。在政府信息公开法治化方面，以韩大元教授和刘恒教授为代表的学者，主要对我国政府信息公开立法应采取何种模式进行探索。刘恒教授认为，"在立法时机尚不成熟的条件下，政府信息公开立法应当采取低层级的规章或法规的立法形式，不宜直接由全国人大进行高层级的立法"。① 在学术研究的推动下，2007 年《政府信息公开条例》出台，这标志着我国政府信息公开制度的正式建立，此后学者围绕该条例的实施展开了深入讨论。例如，肖卫兵教授基于条例在上海的实施情况，对免予提供理由被频繁适用的问题进行了评析。② 随着政府信息公开制度的深入推进，对于政府信息公开的研究也从制度层面分析向实践层面扩展，特别是司法实践中，最近几年诉权滥用的问题引发学界广泛关注，比较有代表性的是沈岿的《信息公开申请和诉讼滥用的司法应对——评"陆红霞诉南通市发改委案"》，该文从典型案例出发，对该案中司法能动进行客观评析，探讨了司法究竟应该如何妥适地应对信息公开申请和诉权的滥用问题，以及未来可能有的更好的整体制度设计。③ 在公共管理研究领域，学者们主要结合现代治理理念演进以及新媒体时代的特征变化进行探讨。比如，胡远珍等人通过对 2013 年至 2015 年湖北省各地政府开设的政务微博账号的基本状况进行考察，发现政务微博在政府信息公开中的不足，由此提出了发展政务微博的相关建议。④

文献检索显示，2008 年关于政府信息公开研究的文献数量达到最高峰，形成峰值的原因除了《政府信息公开条例》的颁布外，还因 2008 年，南方

---

① 刘恒、张勇：《政府信息公开立法问题探析》，载《中山大学学报（社会科学版）》2002 年第 6 期。

② 肖卫兵：《〈政府信息公开条例〉中的免予提供理由评析：基于上海的实践》，载《中国行政管理》2015 年第 8 期。

③ 沈岿：《信息公开申请和诉讼滥用的司法应对——评"陆红霞诉南通市发改委案"》，载《法制与社会发展》2016 年第 5 期。

④ 胡远珍、徐皞亮：《湖北省政务微博与政府深化信息公开》，载《湖北社会科学》2016 年第 3 期。

雪灾、阜阳疫病、汶川地震等突发事件集中暴发，政府信息公开在应对突发事件中的作用受到广泛关注，突发事件中政府信息公开作为新的领域成为学界瞩目的焦点。① 该领域比较有代表性的研究包括，姜秀敏的《论突发事件管理中我国政府信息公开建设》、徐顽强的《政府信息公开与舆论引导》、张维平的《应急管理中政府与媒体协调机制的完善与创新》，这些论文分别对突发事件中政府信息公开存在的问题、作用以及政府与媒体的关系等进行了深入探讨。近年来，在各类突发事件频发的形势下，部分学者开始将类型化突发事件与政府信息公开结合进行深入研究。例如，朱谦、凌双等将环境领域突然发生的事件归为突发环境事件，分析该类突发事件情形下政府信息公开的形态及其特征。曾凡斌、童兵等将人数较多且具有相同利益诉求的群体参与的突发事件归为群体性突发事件，研究政府信息公开在该类事件中的作用。截止 2021 年 6 月，已有学者明确提出了食品安全突发事件中的类型划分，比如詹承豫、叶金珠等人就是其中的典型代表。

整体而言，近年来国内学界关于突发事件中政府信息公开的研究主要聚焦于以下内容。

一是从理论层面探讨突发事件中政府信息公开的价值与必要性。如朱谦（2007）从公众环境知情权、公众维护自身生命健康等权益以及积极有效参与事件处置的角度，分析了突发性环境污染事件中政府信息公开的必要性；胡文静、王怀诗（2008）借助危机信息传播与公众行为模式关系模型，结合2008 年年初南方雪灾事件，强调了信息公开在危机传播过程中的重要性；李志强（2014）认为知情权是现代社会公民的基本权利，是衡量民主政府决策透明的重要标志；邝伟文（2019）则指出，信息公开是国家治理体系中重要的政策工具，全媒体时代的到来降低了公民政治参与的准入门槛，也形成了扁平化的政治参与空间和多元化的政治参与形式。

二是从文本层面探讨突发事件中我国政府信息公开体制、机制的完善问题。如傅思明（2008）等人依据立法规定，对自然灾害、事故灾难、公共卫

---

① 贺军、蒋新辉：《"互联网＋"时代突发事件中政府信息公开研究综述》，载《电子政务》2017 年第 7 期。

生和社会安全事件中政府危机应对与处理的方式，包括信息公开问题进行了分析；蒋秀敏（2009）指出突发事件信息公开中存在政府信息源角色欠缺、缺少统一管理机构、管理体系不完善等问题；戚建刚（2014）专门探讨了群体性事件中信息的分类、特点、运行情况，提出了改革信息保障机制的建言；王锡锌（2018）则认为，未来在公开理念和实践层面应克服工具导向和权力导向的局限性，以治理现代化的要求完善信息公开制度建设。

三是立足典型案例研究突发事件中的政府信息公开问题。如何显明（2010）通过对"邓玉娇事件""林松岭事件"的剖析，系统探讨了群体性事件中的网络舆情治理；张娟（2011）借助对"5·12"汶川地震的个案研究，提出了突发事件中政府信息公开的 G 主导模式、M 引导模式和 GMP 互动模式；苟正金（2017）以兰州"4·11"自来水苯超标事件为例，对我国突发环境公共事件信息公开制度进行检讨，提出通过双向信息交流确保信息公开的及时性和真实性；刘玄麟（2020）则以新型冠状病毒感染事件为例，对重大突发公共事件中政府信息公开的重要环节——疫情报告制度进行了深入检视和系统阐述；梁亚伦（2021）也立足新型冠状病毒感染防控中信息公开存在的问题，提出了完善既有体制机制、重新配置疫情发布权、确立基本原则并构建应急法律体系、完善涉疫信息公开具体制度等改革举措。

四是着眼于国家治理体系现代化，从新闻管制、舆情引导、社会治理、城市管理的角度解析突发事件中的政府信息公开。如江平等人（2004）对突发事件中新闻自由与新闻管制的关系进行了深入阐述；贺文发、李烨辉（2010）从危机传播中政府、媒体与公众各自的角色定位出发，系统分析了突发事件中信息公开的问题；杨琴、张春蕾（2014）以四川纸媒为例，从具体文本出发反观新闻媒体如何在"异常性"事件面前体现"常态性"素质，保持新闻生态的平衡；周蕾（2016）则借助"新常态"的概念，专门探讨了社交媒体在突发事件舆情研判中的格局、生态与机制，以及政府的管理方式；廖梓豪等人（2021）立足于政府信息公开的"供给—选择—评价"模型，从动态循环角度探究了我国大数据治理水平、媒体选择与公众对政府信息公开评价之间的关系。

2019 年 4 月，国务院对施行 11 年之久的《政府信息公开条例》作出重大修改，新条例在总结政府信息公开实践的基础上，实现了立法理念的提升、立法技术的改进与立法内容的完善，特别是进一步扩大了政府信息主动公开的范围和广度，明确了政府信息公开的界限，完善了依申请公开的程序规定，这也对突发事件应对中政府信息公开提出了新的要求。2020 年年初暴发的新型冠状病毒感染则引发了更多有关突发事件中政府信息公开的讨论，特别是政府信息公开中的个人隐私权保护成为学界关注的热点问题。

1.1.3 相关研究简评

整体而言，国内外关于突发事件中政府信息公开的研究已经较为深入，涵盖了制度建设、法治保障以及信息技术应用等方面的内容。在研究方式上，呈现出明显的跨学科交叉研究的趋势，综合运用了法学、政治学、传播学、公共管理学、心理学等学科的知识。这些成果对于进一步开展食品安全突发事件中政府信息公开方面的研究具有重要参考借鉴价值。但是，无论是国外还是国内的学术成果，在本书主题方面尚存在以下问题：一是研究的广度和深度还不够，对于食品安全突发事件中政府信息公开的特殊运作机制、内在客观规律揭示不够，有待深入展开；二是研究的方式、方法有待加强，特别是立足典型案例分析与实证调查数据统计的成果尚不多见，因而对现状的描述较为单薄，提出的改革建言缺乏针对性和实效性；三是研究的理论厚度较为欠缺，许多成果只是就事论事地描述现状、分析成因、提出对策，运用特定理论进行系统论证与全面阐述的论著尚显缺乏。基于以上现状，本书拟在研究内容、研究方法、研究工具等方面进行有效改进，以期在研究结论方面有所创新和突破。

1.2 研究方法

研究方法是从事学术研究的基本工具，影响研究过程的可靠性和研究结论的可信度。从行政法学视角对食品安全突发事件中政府信息公开模式进行研究，考虑的因素不仅涉及具体的行政法基础理论，还涉及社会转型、法治建设、市场监管等多方面内容，因此只采用一种或两种研究方法是很难完成的。就本书而言，我们主要采用了价值分析法、文献研究法、案例分析法、问卷调查法和比较研究法这五种研究方法。

价值分析法是指从一种或多种预设的价值观入手，对涉及的法律现象进行分析、评价的研究方法。价值分析法是法学研究中不可缺失的基础方法，对研究对象进行价值分析伴随着我们的整个法律认识过程，其缘由在于"不管是在实践（法适用）的领域，还是在理论（法教义）的范围，法学涉及的主要'价值导向'的思考方式"①。就本书而言，政府信息公开制度应当立基于行政行为公开、公正、公平与高效的基本价值观，同时满足有效应对食品安全突发事件与民众知情权的客观需要。因此，这些价值观理应成为检视现行立法规定与构建新型模式的出发点。在本书中，我们对食品安全突发事件政府信息公开立法现状之分析，以及对信息公开模式转型之阐述，均遵循了这些价值观的指引。

文献研究法是指收集整理文献资料，通过文献研读形成对事实科学认识的方法。之所以进行文献研究，是因为包括法治文明在内的人类文明既是当下社会赖以存在的基础与前提，更是人类探索未知世界、进行科学研究的起点，只有"站在巨人的肩上"，我们才能登高望远，不断前行。本书涉及的文献包括政府的相关政策法规以及国内外学者对政府信息公开的研究成果，通过对文献的搜集、鉴别、整理和研究，了解相关的理论知识和实践现状，获取政府信息公开以及食品安全突发事件的基本知识，建立政府信息公开模式之分析框架，为本书的研究奠定方法论基础。

案例分析法是通过如实描述某一具体案例发生、发展、变化之全过程并进行有针对性的分析、研究的方法。相对于静态的司法数据而言，案例是动态的实践运作。"深度的个案研究只要能够容纳足够的时空与关系张力，展示时间过程足够完整与复杂的面貌和机理，的确是可以揭示其所具有的普遍性启发意义的。"②通过对典型案例的深入解剖，我们可以将关注的目光投向

---

① ［德］卡尔·拉伦茨：《法学方法论》，陈爱娥译，商务印书馆 2003 年版，第 95 页。
② 吴毅：《小镇喧嚣：一个乡镇政治运作的演绎与阐释》，生活·读书·新知三联书店 2018 年版，第 480 页。

鲜活、复杂而又变动不居的经验事实，特别是透过表象审视问题的实质。这种被徐昕称为"小叙事大视野"的研究进路可以实现"从原点到场域、从细微到宽广、从个案到法理、从单线索到多角度"①，以弥补"大叙事"的表述缺陷。本书对食品安全突发事件中政府信息公开现状进行研究，主要选取了五个典型案例，其中前三个案例（上海甲肝流行事件、三鹿奶粉事件和成都七中实验学校事件）是经曝光后为公众所熟知的个案，相关素材主要来源于媒体报道，属于第二手资料；后两个案例（Z市野生蘑菇中毒事件、L市某幼儿园食品安全事件）是我们在田野调查中收集的个案，相关素材是第一手资料。我们期望通过这些案例客观描绘我国当前食品安全突发事件中政府信息公开的真实图景，从而分析不足、揭示成因、印证假设，设计改进制度的基本方案。

问卷调查法是指通过间接或直接的接触，考察了解政治现象的客观情况，直接获取有关资料，并对这些资料进行分析的研究方法。② 通过解读调查问卷中数据的变化和差异，有助于增进我们对法律现状和变化之了解，获得对有关制度和政策进行反思与探讨的经验素材，提炼出促进制度和政策合理化的建议。③ 在考察食品安全突发事件中政府信息公开运行实践时，我们面向公众设计并发放了调查问卷，对问卷获取的数据进行了统计分析。我们认为，通过这些数据和前述的典型案例，能够客观地呈现当前政府信息公开制度运行的基本面貌和真实状况，确保本书之研究具备厚实的实践基础。

比较研究法是依据一定的标准，通过对研究对象与参照物的相似性与相异程度、普遍性与特殊性规律进行判断分析的学术研究方法。中国当代的法治发展，参考借鉴域外先进立法是一个重要途径。就本书主题而言，由于国内对于食品安全突发事件中政府信息公开之研究起步较晚，因此为了丰富研究内容、发现值得借鉴的立法、制度，本书主要选取了域外国家和地区，主要是欧盟、美国、日本的立法规定作为参照对象进行对比分析，总结规律，旨在为我国立法完善提供参考资源。

---

① 徐昕：《论私力救济》，中国政法大学出版社2005年版，第40－45页。
② 《政治学词典》，上海辞书出版社2009年版，第39页。
③ 冉升富：《当代中国民事诉讼率变迁研究》，中国人民大学出版社2005年版，第3页。

　　总之，本书既综合运用已有理论对食品安全突发事件中政府信息公开立法进行深入系统之分析，又基于数据和案例对食品安全突发事件中政府信息公开实践进行"还原"式刻画，力图实现定性与定量有机结合，确保研究内容丰满厚实、研究结论扎实有力，以期在增量意义上回应"什么是你的贡献"这一社会科学研究的终极之问。

第二章 食品安全突发事件中政府信息公开模式的基本理论

食品安全突发事件中政府信息公开涉及的概念及理论问题较多，在展开正文分析前，应当对相关概念进行必要的梳理和阐述。本章拟对相关基本概念进行界定，分析食品安全突发事件中政府信息公开的必要性，在此基础上对政府信息公开的制度要素进行阐述，进而搭建政府信息公开模式的基本架构。

2.1 食品安全突发事件及政府信息公开

2.1.1 食品安全突发事件

食品安全突发事件是一个复合概念，是由"食品安全"和"突发事件"两个基本要素组成。"食品安全"中的"食品"具有多种释义，不同主体基于不同角度赋予其不同含义，归纳起来，主要有以下几种，见表 2-1。

表 2-1 食品的相关定义

定义来源	食品定义	笔者备注
《现代汉语词典》（第 6 版）	用于出售的经过加工制作的食物	强调食品在现代社会中的商品特征
《食品安全法》	食品，指各种供人类食用或饮用的成品和原料以及按照传统既是食品又是中药材的物品，但是不包括以治疗为目的的物品	强调食品及与食品相关的原材料都属于法律调整范围

续表

定义来源	食品定义	笔者备注
《食品生产加工企业质量安全监督管理实施细则（试行)》	食品是指经过加工、制作并用于销售的供人们食用或饮用的制品	强调加工、制作、销售的特点，不同于天然食物
《食品工业基本术语》（GB 15091—95）	食品是指可供人类食用或饮用的物质，包括加工食品、半成品和未加工食品，不包括烟草或只作药品用的物质	强调人类的食用、饮用的需求特点
国际食品法典委员会（CAC）	食品是指用于人类食用或饮用的经加工、半加工或未加工的物质，包括饮料、口香糖和已经用于制造、制备或处理食品的物质，但不包括化妆品、烟草或制作为药品用的物质	扩大了食品定义的外延

通俗而言，食品是除药品外，通过人口摄入、供人充饥和止渴并能满足人们某种需要的物品的统称。在我国，按照食品的原料和加工工艺不同，食品共有 28 大类 525 种。在本书中，除非特别说明，我们依据《中华人民共和国食品安全法》（以下简称《食品安全法》）第 150 条第 1 款规定，将"食品"界定为各种供人食用或者饮用的成品和原料以及按照传统既是食品又是中药材的物品，但是不包括以治疗为目的的物品。

"食品安全"最早由联合国粮农组织提出，此后世界卫生组织、世界银行等不同国际组织从不同角度赋予其不同含义，见表2-2。

表2-2　国际组织对食品安全的定义

国际组织	食品安全定义
世界粮农组织	为每个人在任何时候都能得到安全的和富有营养的食物，以维持一种健康、活跃的生活
世界银行	所有人在任何时候都能获得足够的食物，保证正常的生活

续表

国际组织	食品安全定义
国际食品卫生法典委员会	消费者在摄入食品时，食品中不含有毒物质，不存在引起急性中毒、不良反应或潜在疾病的危险性；或者是食品中不应包含有可能损害或威胁人体健康的有毒、有害物质或因素，从而导致消费者急性或慢性中毒或感染疾病，或产生危及消费者及其后代的健康隐患
世界卫生组织	生产、加工、储存、分配和制作食品过程中确保食品安全可靠有益于健康，并且适合人消费的种种必要条件和措施

在国内学术界，基于不同立场，不同学者对食品安全存在不同观点。有学者认为，食品安全的定义有狭义和广义之分，广义的食品安全是指食品数量安全、食品质量安全、食品来源可持续性安全和食品卫生安全；狭义的食品安全仅指食品质量安全或食品卫生安全。美国学者 Jones 对食品安全提出了绝对安全和相对安全的概念。[①] 我国 2009 年制定的《食品安全法》首次从法律角度对食品安全进行了界定，食品安全即"食品无毒、无害，符合应当有的营养要求，对人体健康不造成任何急性、亚急性或者慢性危害"。2021年修改的《食品安全法》继续沿用该概念。由于本书研究立足于行政法角度展开，因此对食品安全之界定以现行《食品安全法》的规定为准。

在有关"突发事件"的界定中，如何理解"突发"两字最为关键。当前，绝大多数学者的界定是建立在对"突发"作"突然发生"的理解基础之上，将突发事件解释为，突然发生的造成或可能造成重大损失或对全国或者一个地区的经济社会稳定、政治安定构成重大威胁或损害，有重大社会影响的涉及公共安全的紧急事件。[②]《中华人民共和国突发事件应对法》（以下简称《突发事件应对法》）也基于这样一种理解，将突发事件界定为"突然发生，造成或者可能造成严重社会危害，需要采取应急处置措施予以应对的自

---

① 陈辉：《食品安全概论》，中国轻工业出版社 2011 年版，第 2 页。
② 陈炯、张永奎：《一种基于文档差异度的 Web 突发事件新闻个性化推荐算法》，载《计算机应用与软件》2010 年第 11 期。

然灾害、事故灾难、公共卫生事件和社会安全事件。"这种界定，主要侧重于强调事件的影响后果，符合人们的常识性观点。当然，也有学者提出了不同的观点，比如岳国君等人就撰文指出，"突发"强调的是灾害要素突破临界值，是在较短的时间内发生，因而突发事件的重心在于"突发"而非"事件"后果。[1]

食品安全与突发事件常常相伴而生，食品安全强调的是事件的诱因和性质，突发事件则关注事件的发生过程与结果。《突发事件应对法》将突发事件分为自然灾害、事故灾难、公共卫生事件和社会安全事件四类。《国家突发公共事件总体应急预案》则进一步解释：自然灾害主要包括水旱灾害、气象灾害、地震灾害、地质灾害、海洋灾害、生物灾害和森林草原火灾等；事故灾难主要包括工矿商贸等企业的各类安全事故、交通运输事故、公共设施和设备事故、环境污染和生态破坏事件等；公共卫生事件主要包括传染病疫情、群体性不明原因疾病、食品安全和职业危害、动物疫情，以及其他严重影响公众健康和生命安全的事件；社会安全事件主要包括恐怖袭击事件，经济安全事件和涉外突发事件等。从政府危机应对角度来讲，食品安全突发事件一般归属于社会公共卫生事件的范畴。

就食品安全突发事件的界定而言，已有学者作出了比较完整的分析。比如叶金珠、陈倬撰文认为，食品安全突发事件是指与食品安全相关的，发生难以预测，发展路径和演变规律不确定，危害公众身体健康和生命安全，动摇公众食品安全信心，造成政府和食品产业信任危机，甚至威胁社会秩序与公共安全并需要政府出面应对解决的事件。[2]综合学者的观点以及现行法律法规（包括《国家突发公共事件总体应急预案》）之规定，本书认为，所谓食品安全突发事件，是指危害食品安全的要素突破临界值，在短时间内发生的导致公众群体性身体健康受损或重大财产损失，对全国或者某一地区的政治、经济、社会稳定构成重要威胁或损害的事件。

---

[1]　岳国君、李向阳：《食品加工企业质量风险突发事件的认知研究》，载《预测》2011 年第 6 期。

[2]　叶金珠、陈倬：《食品安全突发事件及其社会影响——基于耦合协调度模型的研究》，载《统计与信息论坛》2017 年第 12 期。

2.1.2 食品安全突发事件的特点

食品安全突发事件与食品安全事故、社会公共卫生事件等在很多方面存在共性，使得食品安全突发事件很难被认定为独立的类别，并加以特殊应对。我们认为，突发性、敏感性和专业性等特点应当成为区分食品安全突发事件与其他事件的关键。

突发性，是短时间内灾害要素突破临界值，通常表现为政府难以预测或预警危机之发生。这是区分食品安全突发事件与食品安全事故的关键。食品安全事故是指食物中毒、食源性疾病、食品污染等源于食品，对人体健康有危害或者可能有危害的事故。① 一般而言，事故指当事人违反法律法规或由于疏忽失误造成的意外死亡、疾病、伤害、损坏或者其他严重损失的情况。在原因和结果方面，食品安全突发事件与食品安全事故都有共同的表现，即源于食物中毒、食源性疾病、食品污染等，并对人体健康造成危害。但对于危害的感知，食品安全事故往往通过监督监测可以或者应当发现，侧重于强调危害具有相当的可预见性与可避免性，而食品安全突发事件往往是在危害已造成社会影响后，才为政府知晓，侧重于强调事件发生具有突然性。

敏感性强调人民内心的容忍度，而内心容忍度又与利益关切度有关。社会事件与公众自身利益联系越紧密，公众容忍度越低，则敏感程度就越高。俗话说"民以食为天"，食品安全直接关系个体的身体健康和生命安全，在公众心目中是"天大的事"，属于"零容忍"的对象。因此，公众对于食品安全违法违规行为的容忍度处于较低水平。近年来，各类食品安全事件频发，不断降低公众对食品安全的信任，任何关于食品安全突发事件的不利行为，包括政府对食品安全监管的疏忽，对事件本身处置不当，信息披露不及时、不准确等，都容易引发网络舆情及群体性不满。相较于由其他因素引发的危机，如环境突发事件等，食品安全突发事件处理和应对的难度更大，也更需要完备的法治保障和制度供给。

专业性是对食品安全事件的特殊性所作的归纳。食品安全是一个链条长

---

① 王欣新、乔博娟：《论食品安全领域大规模人身侵权债权在破产程序中的清偿顺位》，载《法治研究》2013 年第 11 期。

且涉及面广的复杂系统。仅从纵向看，食品安全涉及环境资源、种植业和养殖业生产、原料及添加剂加工和控制、农产品运输与存储，还涉及食品生产加工到流通销售再到食用，任何环节出现问题都可能导致事件发生。可以说，食品安全是风险最容易聚集的领域之一，有效应对办法除了事中采取应急措施，还应当加强事前监测和风险预警，这都需要专业机构、专业人员，采取专业方法进行处理。因此，从有效防范风险的角度出发，食品安全突发事件虽然是突发事件的重要分支，但基于其专业性特征，应当建立健全事前、事中、事后的应对机制，确保事件的有效应对。

2.1.3　食品安全突发事件中的政府信息公开

知识经济时代信息在社会生活中的重要性不言而喻，而政府无疑是掌握最多信息资源的主体。信息公开既是建设阳光政府、法治政府、责任政府不可或缺的重要路径，也是民众行使知情权、参与权、监督权的基本前提。此外，信息公开还为深入推进政府职能转变和加快建成服务型政府提供了强有力的助力。①

就客观世界而言，不同事物有不同的本质和特征，因而其传递的信息是不一样的。② 对于政府信息来说，一般是指政府所掌握、控制、支配和拥有的信息，与公共行政权力的运行有关，具有明显的行政属性，正是在这个意义上，《政府信息公开条例》将政府信息界定为"行政机关在履行行政管理职能过程中制作或者获取的，以一定形式记录、保存的信息"。政府信息公开的核心在于"公开"，"公开"不仅包含"不加隐蔽"之意，也可将其视作动词，即"使秘密的成为公开的"之意。在本质上，政府信息具有"不加隐蔽"性，政府信息公开可以理解为一种行政行为的过程。

总体上，关于政府信息公开的含义，学界的认识也不尽相同。有学者从法律层面，将其界定为法律规定的机关或组织，在行使国家行政管理职权的过程中，通过法定形式和程序，主动将政府信息向社会公众公开的制度。③

---

① 熊先兰：《完善我国地方政府食品安全危机应急管理探讨》，载《湘潭大学学报（哲学社会科学版）》2014 第 1 期。

② 王勇：《政府信息公开论》，中国政法大学 2005 年博士学位论文。

③ 马荔、李欲晓：《非常规突发事件中政府信息公开机制研究》，载《生产力研究》2010 年第 6 期。

还有学者从动态角度将其界定为，行政机关向不特定的社会对象发布信息，或者向特定的对象提供所掌握的信息的活动。① 在我们看来，由于食品安全突发事件体现的是事物发展的动态过程，因此本书主要在行政行为、行政活动这一意义上使用政府信息公开一词，但与此同时也将政府信息公开作为一种静态的制度进行分析。

食品安全突发事件的特殊性决定了政府信息公开区别于一般意义上的政府信息公开。首先，食品安全突发事件具有很强的突发性，这意味着其间的政府信息公开是一种应急型行政行为，紧迫性特点突出。在相对平稳或正常状态下，政府一般是通过建构有效的制度，实现对社会的常态化、经常化和规范化管理。但食品安全突发事件从矛盾积累到暴发的过程非常短暂，政府反应的时空背景受限，而且常常是在事件刚刚发生时，就需要及时公开相关信息。其次，食品安全突发事件具有敏感性，这意味着此时的政府信息公开是一种目的性很强的行政行为——必须通过及时、准确、完整地公开信息，体现政府的尽职履责态度，引导社会舆论，进而实现对危机的有效管控，防止发生更大的损害。最后，食品安全突发事件具有很强的专业性，这决定了其间的政府信息公开具有高度复杂性。一方面要基于科学立场向民众传递正确的信息，避免引发社会恐慌和骚动，另一方面还要回应、解答各种专业或非专业的质疑，这都对行政机关的危机应对能力提出了更高的要求。

2.2 食品安全突发事件中政府信息公开的必要性

食品安全突发事件应对中及时、准确、完整地公开政府信息，具有非常重要的现实意义，这既是保障公众知情权的客观要求，又能有效防止行政权力滥用，还是预防和控制危害扩大的必然选择。

2.2.1 保障公众知情权的客观要求

知情权是从现代法治国家普遍秉持的人民主权理论、社会契约理论中延

---

① 赵需要、周庆山：《政府信息公开保密审查研究综述》，载《档案学研究》2013 年第 6 期。

伸出来的权利，最早由美国新闻记者肯特·库珀（Kent Cooper）提出，一般是指公众经由法定方式从政府获取与自身利益或公共利益的相关信息的权利。瑞典是世界上第一个建立政府信息公开法律制度的国家，其 1766 年颁布的《出版自由法》是世界上第一部从宪法层面确认公民出版自由和政府信息公开（公民信息自由）的法律。后经反复修改，瑞典国会于 1949 年通过了现行的《出版自由法》。该法与另外几部议会制定的法律《表达自由法》《政府宪章》《保密法》共同构成了瑞典信息公开制度的完整体系。[①] 这一做法后为其他国家所借鉴，各国均通过立法来保障民众的知情权。知情权已经成为各国民主政治"最低程序性"的必要条件之一。

食品安全突发事件具有不可预知性与重大危害性，与普通民众的身体健康息息相关，因此，无论是出于自我保护的本能，还是基于社会稳定的考量，民众都享有在第一时间知悉相关信息的权利。在此情况下，作为掌握相关信息最集中、最权威的政府，及时、准确、完整地公布信息，既是一种法定的职责，也是满足民众知情权的基本行为。

2.2.2　防止公权力滥用的应有之义

信息公开的法理基础是主权在民，民众以契约方式将自己的权利让渡给国家机关行使，因而民众是政府权力的源头和基础，各类公权力应当接受民众的监督制约。英国学者哈耶克认为："权力说到底并不是一个物质性的事实，而是一个使人们肯服从的舆论状态。"[②] 民众只有在充分获知政府履职信息的前提下才能对公权力行使进行有效的监督，防止政府及其工作人员利用信息优势进行权力寻租，进而损害社会公共利益和民众合法权益。突发事件中，作为事件的应对主体和实施者，政府是"内幕消息"的拥有者。[③] 由于突发事件具有不可预测性以及可能危及公共利益的特殊性，故政府行使的权力较平时更多、更广泛和更具强制性。[④] 仅从危机应对效率来讲，政府拥有

---

① 周汉华：《外国政府信息公开制度比较研究》，中国法制出版社 2003 年版，第 17－19 页。
② ［英］弗里德里希·奥古斯特·冯·哈耶克：《自由宪章》，杨玉生、冯兴元等译，中国社会科学出版社 2016 年版，第 276 页。
③ 梁丹妮：《论突发事件中政府信息公开责任》，载《法治论坛》2008 年第 1 期。
④ 马斌毅：《突发事件应对中的信息公开与真实原则》，载《法制与经济》2011 年第 8 期。

特殊权力意义重大，但这种权力也可能会被滥用，进而对公众的基本人权、法治构成威胁。[①] 在食品安全领域，这种权力滥用可能表现为一些行政机关在事件发生后基于自身政绩考虑，瞒报、虚报、谎报实情，或者为了迅速平息事件，采取简单、粗暴，甚至违法违规的方式进行应对。因此，要预防或减少权力滥用的威胁，除了制定法律对紧急权力行使进行严格规范，还可以依托公众对行政紧急权力的行使进行监督。这就需要政府将应对食品安全突发事件的相关信息向公众公开。"阳光是最好的防腐剂"，政府信息公开能确保民众的监督权落到实处，这对突发食品安全事件应对尤为重要。

2.2.3　防止危害扩大的必然选择

美国法学家波斯纳认为："评估概率是一种有用和理性的处理不确定性的方式；当新的信息注入时，人们应随之刷新概率的评估；并且，新信息对于人们最终决策的影响则有赖于人们的验前几率。"[②] 因此，基于人与生俱来的天性，很难要求公众在危机状况下保持"零情绪"。对未知的恐惧，使公众的决策和行为依赖想象和联想，甚至猜测。情绪对个体决策和判断有直接影响，特别是在重大食品安全事件突然发生时，情绪反应具有快速自动化，在从众心理以及群体压力的作用下，情绪很容易被聚集，从而为谣言滋生、流言四起提供了充分的土壤与环境。在信息化时代，随着智能手机的普及，互联网已成为民众获取信息和了解社会的主要渠道，而互联网本身具有的无边界、数字化等特点，导致其间的信息传播具有互动性、快捷性、综合性、再生性、开放性、选择性，一旦政府信息公开不能做到及时、准确、完整，则各种不实信息便堂而皇之占据主导地位，引发社会恐慌和社会不满，既妨碍政府有效应对和处置突发事件，还可能导致食品安全事件演变成群体性公共安全事件，进而产生更大的社会危害。因此，从有效预防和控制危害的角度出发，政府信息公开必要而紧迫。

---

① 杨辉解、刘武阳：《论突发事件信息公开机制之构建》，载《湖南公安高等专科学校学报》2006年第6期。

② ［美］理查德·A. 波斯纳：《证据法的经济分析》，徐昕、徐昀译，中国法制出版社2004年版，第7页。

2.3　食品安全突发事件中政府信息公开的制度要素

要素一般是指某一客观事物存在和发展中必不可少的主要因素，它是事物内在的发展动因。故要研究食品安全突发事件中政府信息公开的现状就离不开对其基本要素进行剖析。在我们看来，政府信息公开制度包含五个要素，分别是信息公开的主体、内容、对象、时限、程序，下文将对这些基本要素进行具体阐述。

2.3.1　信息公开的主体

政府信息公开的主体一般是指依法向社会公开其因职权或授权而制作、保存的相关信息资料的各级各类行政机关。在我国，负责食品安全监管工作的部门主要有市场监督管理局、卫健委等，在食品安全突发事件发生后，这些行政机关会依据相关规定将涉及的信息在政府内进行请示、汇报，然后决定是否对外发布以及怎样对外发布。因此，简单而言，食品安全突发事件中政府信息公开的主体是各级政府及政府下属的相关部门。《政府信息公开条例》第10条规定："行政机关制作的政府信息，由制作该政府信息的行政机关负责公开。行政机关从公民、法人和其他组织获取的政府信息，由保存该政府信息的行政机关负责公开；行政机关获取的其他行政机关的政府信息，由制作或者最初获取该政府信息的行政机关负责公开。法律、法规对政府信息公开的权限另有规定的，从其规定。"食品安全突发事件中，基于事件的特殊性，政府信息公开的主体在《食品安全法》中有专门的规定。

从应然层面看，食品安全突发事件发生后，各类真假难辨的消息常常鱼龙混杂地呈现在民众面前，这就需要权威部门站出来对真实信息进行公开。若是难以确认谁应该作为信息公开的义务主体，则可能因权责推诿致使有效信息滞后公开，故对信息公开主体的明确至关重要。一方面，公民明确知道食品安全突发事件中信息公开的主体，有利于通过对信息渠道的确认甄别信息的真实性，据此采取合理有效措施进行防范、处置，消除因信息不对称而带来的不利影响。另一方面，确定了信息公开的义务主体，可落实各部门职责，防止出现相互推诿、各自为政的情况，保障信息发布的及时性、权威性和可靠性，同时也能够在履职不力时追究相关机关、个人的责任。

2.3.2　信息公开的内容

信息公开的内容是指承担信息公开职责的主体应当对外公开的具体信息。在食品安全突发事件中，一般是指行政机关依据法律法规的规定所拥有、掌握的有关食品安全事件的信息，包括但不限于事件的时间、地点、原因、各方主体的行为、造成的影响或后果、联系方式等内容。《食品安全法》在相关条文中涉及了食品安全突发事件中政府信息公开的内容，排除政府信息公开范围内的事项。比如，被确定为国家秘密的信息，法律法规禁止公开的政府信息，以及公开后可能危及国家安全、公共安全、经济安全、社会稳定的政府信息，一律不予公开；再比如，涉及商业秘密、个人隐私等公开会对第三方合法权益造成损害的信息，行政机关不得公开，除非第三方同意公开或者行政机关认为不公开会对公共利益造成重大影响的，方可公开。

在食品安全突发事件中，明确政府信息公开的内容意义重大。首先，公开这些信息内容能够帮助民众准确地还原事件全过程，了解事件的全貌；其次，公开这些信息内容能有效地破除谣言，避免社会恐慌，稳定社会秩序，增强政府的公信力；再次，信息公开的内容还应包含预警预测、应急措施、事件进展情况等事项，公开这些内容能有效指导民众采取科学手段进行自我救助；最后，政府信息公开的内容还是衡量政府履职尽责情况的重要指标，有助于落实政府信息公开的奖惩机制和责任追究机制。

2.3.3　信息公开的对象

政府信息公开的对象是指接收公开信息的主体，即政府信息对谁公开。现代公共行政理论认为，政府面向社会提供的是公共产品与公共服务，产品和服务的质量高低取决于其满足消费者（民众）需要的程度。因此，行政机关在进行信息公开时若能够明确接收信息的主体是谁，就能根据主体需求准确地公开相关资料，换言之，明确的政府信息公开对象有利于提升信息公开行为的质量。此外，信息公开对象也与公民知情权的实现息息相关，政府信息公开的受众越广，则越有利于公民获取自己所需的信息，也就越能够实现对行政机关行政行为的监督，这在突发食品安全事件应对中也不例外。《政府信息公开条例》将政府信息公开分成了主动公开与依申请公开两类。主动公开针对的对象是不特定的社会公众；依申请公开则指向对信息有专门需求的特定主体。由此推演开来，不难发现，食品安全突发事件中政府信息公开的对象既包括普通民众，也包含特定主体；但基于事件本身所具有的突发性特点，其间的信息公开多表现为主动公开，即不特定的社会公众是政府信息公开的主要对象。

2.3.4　信息公开的时限

信息公开的时限是指信息公开的主体在事件发生后对外公开信息所需要遵循的时间要求。突发食品安全事件应对具有紧迫性，信息公开是否及时在很大程度上影响着事件的最终处理结果，因而是衡量政府信息公开效果的重要指标。从逻辑上讲，信息公开的时限越短越好，但由于事件本身具有突发性，行政机关掌握准确信息需要一定的时间，因此不可能在事发的第一时间进行信息公开。由此，立法需要在信息及时公开与信息准确公开中寻求平衡，确定相对明确的公开时限，只有这样才能在事件突发的状态下确保信息公开工作顺利、高效地开展，同时也便于公众根据时限对行政机关的工作进行有效监督。

《政府信息公开条例》对于主动公开的政府信息，规定的时限为"信息形成或者变更之日起 20 个工作日内"，但法律、法规对政府信息公开的期限另有规定的，从其规定；对于依申请公开的政府信息，规定的时限为"自收到申请之日起 20 个工作日内"，同时还规定可以再延长 20 个工作日。从食品安全突发事件自身的特殊性出发，主动公开及被动公开中 20 个工作日的时限明显过长，需要在总结实践经验的基础上，在如《食品安全法》《突发事件应对法》等专门法律中加以补充与修订。

2.3.5　信息公开的程序

信息公开的程序是指信息公开主体公开政府信息所采用的方式、方法与步骤等的总称。程序对于权力运行与权利保障有着巨大意义，现代法治国家强调实体正义与程序正义并重。实体法是通过一环扣一环的程序行为链而逐步充实、发展的。① 因此政府信息公开工作中离不开完整的正当程序，以确保信息能够有效收集整理并依法加以审核后发布，确保政府信息公开的及时性、有效性、准确性、权威性及全面性。食品安全突发事件由于暴发突然、危害甚广，其更需要有一套合理、有效、正当的程序确保信息公开工作的顺利进行。

《政府信息公开条例》对主动公开政府信息的程序以及依申请公开政府信息的程序作了较为详尽的规定，甚至对公民知情权遭受侵害时的救济程序也作了相关规定，国务院相关部门制定的部门规章或行政规范性文件，如《国家旅游局贯彻落实〈政府信息公开条例〉的实施办法》《国务院办公厅关于施行〈政府信息公开条例〉若干问题的意见》在此基础上作了进一步细化规定。但总体而言，这些规定主要针对常态下的政府信息公开；食品安全突发事件应对中的政府信息公开程序需要在《食品安全法》《突发事件应对法》等专门立法中作出具体规定，以满足事件应对之需要。

2.4 食品安全突发事件中政府信息公开模式的架构

2.4.1 政府信息公开类型化分析的依据

本书研究主题为食品安全突发事件中政府信息公开的模式，对模式之研究不同于对政府信息公开相关制度的研究，内容并非固定而是动态的。模式分析是在假设一定参照物的前提下，对某种事物所作的类型化研究，其目的是希望将分散、模糊的现实通过逻辑分析和经验总结作具体呈现。

德国社会学家马克斯·韦伯在其《社会科学和社会政策中的"客观性"》一文中提出"理想类型"概念，将"类型"的思考方式引入社会学。自此以后，类型化逐渐成为社会科学研究领域广泛运用的分析技术。借助类型化分析方法，研究者可以对社会事物、现象和行为进行归类，并通过抽象思维

---

① 季卫东：《法律程序的意义》，中国法制出版社 2012 年版，第 80 页。

与理论概括进行研究框架的构思。模式分类实际上是类型化分析工具运用的具体表现。作为一种朴素而基本的思维方式，不同文化背景下的思想家和理论家们都高度依赖类型化方法，由此形成的许多命题具有跨越时空的影响力。[①] 例如，刑事诉讼法学者从诉讼程序的启动方式出发，将刑事程序分为弹劾式诉讼模式和纠问式诉讼模式，这两种模式在西方不同历史时期中分别居于主导地位，往往也被用于标表不同历史时期刑事诉讼法的基本特点。随着学界对类型化方法认识的加深，该方法被普遍适用于政治、经济、文化、社会等诸多领域，成为研究不同系统及其内部诸要素相互关系的主要工具。比如在行政领域，有学者根据政府、公众的能动差异将政府信息公开面临的情境分为四种类型，即主体互动情境的信息交流模式、政府主导情境的信息传播模式、公众主导情境的信息查询模式和公开停滞情境的信息推荐模式。[②] 从经验事实出发，食品安全突发事件情境下的政府信息公开过程变化不定，背后驱动因素也多种多样，需要借助类型化分析方法，从纷繁复杂的社会现实中抽取最为主要的维度，然后对这些维度进行区分，借此可以忽略某些细枝末节，高屋建瓴地把握事物的共同规律和属性。[③]

从政府信息公开的实际运行状态看，行政权力具有保密、封闭的天性。在我国长达几千年的封建社会中，基于"刑不可知，威不可测，则民畏上也"[④] 的传统，政府信息公开是难以想象的，只是在特定历史时期，某些开明的统治者实施了一些具有公开意义的措施，通过颁布法令和张贴文告等方式将统治者的意思公之于众。1949 年中华人民共和国成立以后，面对复杂的国内外环境，我国行政权行使中对于政府信息采取的态度主要是保密，公开的内容主要是法令、报告、政府组成人员等。当时，为了调动群众积极性，信息公开要求以一种"既能向群众报告工作，又能宣传教育群众"的形态出

---

① 刘丰：《类型化方法与国际关系研究设计》，载《世界经济与政治》2017 年第 8 期。

② 肖博、刘宇明等：《主体能动差异情境下的政府信息公开模式构建》，载《情报科学》2016 年第 9 期。

③ 谢登科：《认罪案件诉讼程序研究》，吉林大学 2013 年博士学位论文。

④ 《左传》（卷四十三）。

现，"宣传"成为"公开"的代名词，无论是在立法规定还是在体制机制方面，政府信息公开尚未被提上议事日程。① 20 世纪 80 年代后，基层行政机关开始采取办事公开制度，政府信息公开以乡镇办事流程公开的形式出现，并逐渐由此推演开来。2008 年《政府信息公开条例》的实施，标志着我国政府信息公开制度体系的初步确立，信息公开的主体、范围、方式、程序等以法治化的形式出现，对政府信息公开实践起到了极大的推动作用。2019 年 4 月 3 日，在总结实践经验的基础上，国务院对《政府信息公开条例》进行了较大幅度的修改，我国政府信息公开进入新的发展时期。由此可见，我国政府信息公开是在不断摸索中推进的，不同时段，政府信息公开形态有所不同。但作为社会需求的产物，总体上以经济条件为基础，受当时主流思想制约呈现出一定的规律性，这就为政府信息公开的模式化分析提供了可能。

当然，正如马克斯·韦伯指出的那样，任何类型化分析的结果，只是一种思维逻辑的建构物，是通过对许多差异的、离散的、偶发的、具体的社会现象的综合，所构建的近似的、典型的、理想化的类型，是对现实生活的高度提炼与抽象，在现实中与其完全匹配的形态几乎不存在。因此，社会科学家不是从理想类型概念推演出社会现象，而是把理想类型作为分析具体社会事件的一种启发性的工具。② 从这个意义上讲，本书关于食品安全突发事件中政府信息公开模式的分析具有一定的局限性，但其结论对于立法完善与实务改进不无启发与借鉴意义。

2.4.2　政府信息公开模式的理论假设

从制度设定的角度看，立法需要从公开主体、内容、对象、时限、程序等方面对食品安全突发事件中政府信息公开的内容进行规范，本书前文也正是在这个意义上进行了制度要素的提炼。但从动态角度看，政府信息公开本质上是一种行为、一个过程。按照一般的理解，行为的要素包括行

---

① 杜骏飞、周海燕、袁光锋：《公开时刻：汶川地震的传播学遗产》，浙江大学出版社 2009 年版，第 234 页。
② ［德］马克斯·韦伯：《社会科学方法论》，韩水法等译，中央编译出版社 1998 年版，第 136 页。

为目的、行为过程、行为结果、行为方式、行为场所、行为时间和行为工具等，① 不同类型的行为根据不同语境和研究目的可在此基础上作变通处理。就政府信息公开而言，我们认为，在行为的价值取向、行为主体、行为对象、行为方式以及行为时间等诸多要素中，起决定作用的是行为的价值取向。

组织行为学认为，无论是个体行为还是组织行为均蕴涵着价值。政府作为特定的组织体系，其行为也必然包含着价值考量与价值选择，表现出一定的价值倾向或价值取向。价值取向是指主体在价值选择和决策过程中所具有的一定的倾向性。行为如何实施以及实施结果的好坏，在意识层面上取决于主体的价值取向。行为外在的参与主体、行为对象、行为方式以及行为时间等都受主体价值取向的影响。政府的价值取向在不同时期是不同的，阶级属性相同的政府在受到不同传统文化的影响以及面临不同的外部环境时，也会有不同的价值取向。② 我国不是一个有着信息公开传统的国家，中华人民共和国成立后延续保密的传统，公开主要以宣传方式进行。作为政策、法律指导下的行政管理行为，现代意义上的政府信息公开是 20 世纪 80 年代以后才有的，在其产生之初，社会还处于权威型、管制型的状态，受传统官本位观念影响较深。政府权力是"实现主体成员利益要求的凭借"，政府所享有的权力越大，越有可能达到它的目的。在这种观念影响下，政府在选择信息公开时，倾向于考虑行政机关管理的便利，以提升管理效率为价值追求和优先选择。党的十六届三中全会从国家战略高度提出"以人为本"的发展观，对政府治理理念转变提出新要求。"以人为本"要求公权力行使时优先考量公民权利的实现，以传输服务为要务，创造性地履行对公民所承担的和许诺的各种责任。在"以人为本"理念的影响下，政府信息公开应当侧重于考虑优先满足公众需求，满足公众知情权行使的需要。

在优先考虑管理效率的价值取向的引导下，政府掌握着社会资源的支配

---

① 罗健京：《现代汉语"X＋化"派生词的语义生成机制研究》，载《湖南科技大学学报（社会科学版）》2017 年第 3 期。

② 易承志：《传统管制型政府的价值缺失与服务型政府建设》，载《江南社会学院学报》2009 年第 3 期。

权和分配权，其他社会主体只能从政府手中获取信息，政府倾向于排斥其他主体参与，最终导致信息公开的一元化特征极为明显。在内容上，政府会从自身管理角度进行取舍，选择有利于自身利益的部分向社会公开，信息公开的内容呈现出片面化样貌。在方式上，由于权力运行向度是自上而下单向流动的，因此信息是一种单向传递，缺乏互动与交涉。基于成本—效益的效率考量，更多关注的是最终的结果，而自身反馈的时限通常不在考虑范围内，政府信息公开往往是在事件基本平息后姗姗来迟。

在优先考虑满足公众需求的价值取向的引导下，基于构建有限政府、责任政府、法治政府的需要，政府会注重社会资源的整合，让社会主体充分参与到社会管理中，最终形成信息公开主体的多元化。内容上，从公众需求出发，在提供信息时应当考虑各种具体情形，让公开内容更加全面。方式上，为了让社会主体便捷获取信息，也为了能够全面满足公众需求，政府会提供各种信息公开的渠道，同时注重对社会主体的信息反馈，信息双向流动趋势比较明显。本书认为，管理效率仍是当前判断政府是否有能力承担公共服务职能的重要标准，基于"以人为本"的理念，政府理应更加重视公共服务产品的质量，于突发事件应对中及时向公众公开相关信息。总体上，以价值取向为核心，公开主体、内容、方式和时间为要素组合形成的政府信息公开模式大致可分为两类，即压力型模式与回应型模式。

2.4.3 两种政府信息公开模式的主要表征

对于以提升管理效率为优先价值取向的政府信息公开模式，笔者倾向于将其概括为压力型模式。这一提法最早出现在荣敬本等人对河南省新密市县乡两级政府机构以及各政府职能部门的调查成果中，被称为"压力型体制"，即上级政府为了实现赶超战略经常会按照自身意志给下级下达各种任务和指标，并用一票否决方式对下级施加压力来确保目标的实现。① 压力型体制意在强调地方政府的运行是对不同来源压力的分解和应对，是对政府组织运行方式的形象描述。随着学者们研究的不断深入，"压力型"被拓展适用于公

---

① 荣敬本、崔之元：《从压力型体制向民主合作体制的转变——县乡两级政治体制改革》，中央编译出版社1998年版，第77-98页。

共管理以外的诸多领域。比如，有论者提出了压力型立法，描述的是在媒体信息的压力下，立法者将媒体话语作为决定性依据的立法决策过程。① 权力结构与"压力型体制"深度契合，使得压力型不仅反映出地方政府政策执行的状态，还能影响到政府对社会的管理效果。压力型状态下，各级官员必须集中精力完成上级安排的任务，很难有足够的时间与精力及时有效地回应来自社会尤其是基层的大量具体化、多样化的民意诉求。② 压力型体制透视出政府在政策执行过程中的谋利性和排他性，其在一定程度上既体现了地方政府追求自身利益的本质，同时也满足了提升社会管理效率的要求，代表了自上而下权力运行的单一向度，这与前文描述的以提升管理效率为优先价值取向的政府信息公开方式存在着天然的高度契合。

对于以满足公众需求为优先价值取向的政府信息公开方式，笔者倾向于将其概括为回应型模式。"回应型"的说法来源于美国伯克利学派代表人物诺内特和塞尔兹尼克探讨法律改造而提出的新的法律类型，他们将法律分成了压制型法、自治型法与回应型法。③ 回应型法是在扩大法律相关因素范围的前提下，对各种社会矛盾作出及时回应，④ 强调立法目的在法律中的价值导向，并且重视法律的开放性和灵活性，即以合法的公众参与和协商为基础，注重对社会现实需求的有效回应。⑤ 我国学者吸纳该法律分类的基本内涵，以其为框架展开了多方面研究。比如，有行政法学者借助回应型与压制型的理论框架考察政府行为的转型，指出回应型行政是社会转型背景下政府行政行为的创新。在回应型状态下，政府与公众不再对立，而是注重为公众主动提供信息，允许公众根据这些信息，结合自己的实际情况，作出合适的选择，以实现自身最大利益。⑥ 由此可以看出，回应型不仅是一种法律类型，而且

---

① 吴元元：《信息能力与压力型立法》，载《中国社会科学》2010年第1期。
② 李海青、赵玉洁：《执政党的决策逻辑及其调适》，载《天津社会科学》2017年第1期。
③ ［美］诺内特、塞尔兹尼克：《转变中的法律与社会——迈向回应型法》，张志铭译，中国政法大学出版社2004年版，第18－20页。
④ 李晗：《回应社会，法律变革的飞跃：从压制迈向回应——评〈转变中的法律与社会：迈向回应型法〉》，载《政法论坛》2018年第2期。
⑤ 周海华：《"回应型法"视阈下用能权交易监管法律制度之检视与突破》，载《甘肃政法学院学报》2019年第3期。
⑥ 崔卓兰、蔡立东：《从压制型行政模式到回应型行政模式》，载《法学研究》2002年第4期。

在某种意义上也是法律与政治秩序以及社会秩序间关系的进化。当代社会民主意识之发展使得人们逐步认识到政府信息公开是一个多主体参与的复杂系统，依主体参与的方式和程度不同会出现不同的结果。因而，本书认为，回应型其实是在政府信息公开实践中发展出来的一种理想化类型，也是民众期望实现的一种目标类型。

根据前面对政府信息公开模式的类型化分析，以及对两种模式所作的归纳，食品安全突发事件中政府信息公开的运行模式主要有两种：压力型政府信息公开模式和回应型政府信息公开模式。这两种模式的主要区别，见表2-3。

表2-3 压力型模式与回应型模式之对比

模式		压力型模式	回应型模式
价值取向		侧重于提升管理效率	侧重于满足公众需求
运行要素	主体	政府控制	公众广泛参与
	内容	有限公开	全面公开
	方式	单向信息流动	双向信息流动
	时间	事后公开	全过程公开

第三章 食品安全突发事件中政府信息公开的比较法考察

食品安全问题已经成为全世界关注的议题，不同国家应对食品安全突发事件时有不同的做法，而政府如何对外进行信息披露是突发事件应急处置中的关键一环。本章选取了世界范围内具有代表性的国家或地区（美国、欧盟、日本）作为研究对象，对其在食品安全突发事件中政府信息公开的相关制度及立法进行分析比较，以期发现亮点，并为本书后续提出完善我国食品安全突发事件中政府信息公开制度的相关立法提供可资借鉴的素材。

3.1 域外立法现状

3.1.1 美 国

从全世界范围看，美国的食品安全管理水平处于顶尖位置。历史上，美国也历经了多次食品安全突发事件，如造成死亡人数高达 52 人的加州李斯特菌奶酪污染事件等。这些食品安全突发事件使人们付出了惨痛的代价，生命健康受到损害。为了避免重蹈覆辙，美国政府吸取这些事件的深刻教训，建立一套严格且完善的机制来保障食品安全。在学者们看来，这套机制需要考虑两个重要方面的内容：一是要有完备的法律法规体系来规制监督食品安全相关问题，二是要建设有效的食品安全信息披露机制来加强与民众的沟通交流。经过不断探索，美国在 20 世纪初就已经有了规制食品安全的法律法规，历经长时间的修订完善后，美国已建立了较为完备和系统的食品安全法律法规体系，实现了对食品从生产到上餐桌过程中所有环节与流程的安全监管。[①]
从世界卫生组织发布的《全球食品安全指数报告》来看，美国已成为世界范
围内食品安全情况最优的国家，故美国的相关做法值得我们借鉴。

从美国联邦政府现有的信息公开的法律体系来看，主要由《信息自由
法》《联邦咨询委员会法》《联邦行政程序法》这三部法律来保障食品安全突
发事件中政府信息披露的透明性、全面性与及时性，确保相关信息能有效地
对外披露。在此基础上，有关行政监管机构根据议会授权制定了一系列的规
则和命令，主要包括《联邦食品、药品、化妆品法》《联邦肉类检验法》《禽
类产品检验法》《蛋类产品检验法》《食品质量保障法》《公共卫生服务法》
《联邦杀虫剂、杀真菌剂和灭鼠剂法》《食品药品管理局食品安全现代法案》
等。[②] 这八部关于食品安全的法律为美国食品安全信息公开打下了坚实的制
度基础。此外，在美国《国内突发事件应急计划》和《民事突发事件法案》
的指导之下，负责食品安全监管的美国食品药品监督管理局以及农业部食品
安全检验署有权在食品安全突发事件暴发后及时采取应急处置措施来进行应
对，这些应急措施中包括对政府信息进行披露。以下我们将分析有关食品安
全突发事件中政府信息公开的具体规定。

一是关于信息公开的主体。美国食品安全信息公开机制是由联邦政府牵
头，各部门及地方政府在联邦政府指导下展开联动，联邦与地方间既相互独
立又相互合作。从联邦层面看，负责食品安全信息公开的部门共计十二个，
它们是农业部及其下属五个食品安全监管部门，这些监管部门分别是食品安
全监督局、农业市场局、动植物监督局、农业研究所、粮食包装以及存储管
理局，人类卫生服务部及其下属的两个特别食品安全监管行政机关，即食品
药品监督管理局和疾病预防控制中心。除去以上行政机关和部门，管理水产
类食品的国家海洋渔业商贸局、管理烟酒类商品的联邦环保署、财政部等部
门也可对自己职权范围内与食品安全相关的信息对外进行披露。[③]

美国食品安全监督局（简称 FSIS）和美国食品药品监督管理局（简称

① 胡静:《论美国食品安全信息公开法律制度》，湘潭大学 2014 年硕士学位论文。
② 陈定伟:《美国食品安全监管中的信息公开制度》，载《工商行政管理》2011 年第 24 期。
③ 胡雪坤:《食品安全信息公开制度研究》，中国社会科学院 2013 年硕士论文。

FDA）是美国最主要的食品安全监管部门，它们被称为"美国的两个食品安全体系"①。此外，食品药品监督管理局和食品安全检验署还会配合动植物监督局、疾病预防控制中心及环保署一起来负责食品安全信息的交流与公开。但是不同的机构之间容易出现争议，所以1998年美国政府成立了食品安全顾问委员会负责从中协调。美国的部分州又有法典对此单独进行规定，如《加州法典》规定由州健康服务部和州食品与农业部来主要负责食品安全相关信息的对外披露。此外，美国食品药品监督管理局内部还专门设有进行协调的危机管理办事处，以保障食品安全突发事件发生后各机构能明确自己的权力与分工，确保信息公开工作有序地展开。

二是关于信息公开的内容。《美国法典》中明确了行政机关需要主动公开的政府信息。就食品安全突发事件来讲，要求美国所有食品安全行政机关应公布以下内容：有关食品安全突发事件的法律法规和行政规章；负责食品安全监管的行政机关所制定的相关食品安全标准；与事件相关的食品安全风险信息和相关调查分析报告。"政府信息公开是原则，不公开是例外"，这一原则在美国立法中得到了确立。《信息自由法》中列举了政府可不予公开的信息内容，凡不属于这些内容的信息在食品安全突发事件预警、应对、处置中都应该最大程度地对外公开。

三是关于信息公开的程序和平台。美国已经有了较为成熟的《联邦行政程序法》，这为各部门对食品安全突发事件进行政府信息公开提供了基础的程序指导。为此，美国联邦系统专门建立了自己的食品安全信息统一发布平台。考虑到现代人获取信息的主要方式是网络媒体，政府创建了食品安全网站。这个食品安全信息公开平台上发布的信息囊括从联邦政府到各州政府的各类食品安全信息，同时食品安全监督局、食品药品监督管理局、疾控中心及州政府食品安全管理机构还必须在各自官网上及时披露食品安全信息以供普通民众查询。② 政府官方网站公布的信息具有权威性，能使一些关键信息为消费者所知悉并得到重视。通过建立统一的食品安全平台进行信息

---

① 邓青、易虹：《中国食品安全监管问题刍议——借鉴美国食品安全法的制度创新》，载《企业经济》2012年第1期。

② 康莉莹：《美国食品安全监管法律制度的创新及借鉴》，载《企业经济》2013年第3期。

公开能最高效地将重要信息传递给民众，使信息公开效果在一定程度上得以保障。

3.1.2 欧 盟

20 世纪 90 年代起，欧盟境内陆续暴发了因疯牛病、禽流感等引起的大规模食品安全突发事件，这些事件重创了经济发展和社会秩序。在此之后，欧盟对于食品安全的重视程度空前上升，与此相关的法律法规和制度也在不断地修改完善。通过较长时间的完善和发展，一套富有自身特点的较为完备的食品安全法律体系已在欧盟各国确立，其中一些制度设计在应对食品安全突发事件中发挥了重要作用，值得我们研究。这套体系保障了从食品源头至消费者餐桌整个食品产业链的监督管理。[①]

1997 年，欧盟委员会发布了《食品法律绿皮书》，这一法律文件指导欧盟各国构建起各自的食品安全法律法规体系。由于欧盟成员国国情各不相同，面临的食品安全问题也有所差异，因此这一文件只是从整体上起到综合管理和宏观协调的作用，即欧盟成员国在这一文件指导下结合本国实际情况制定符合需要的食品安全法律法规。2000 年，欧盟委员会正式发布了《食品安全白皮书》，其内容包括欧盟食品安全的基本原则和政策体系，以及欧盟各机构的监管职责和食品安全监管体制等。《食品安全白皮书》出台后，欧洲议会据此制定发布了《通用食品法》，它是欧盟食品安全监管领域的基础性法令。《通用食品法》较为详细地规定了食品安全监管的原则以及与食品安全相关的概念，除此之外，该法令还包含了对食品安全风险管理的相关规定以及应急处置的相应程序，要求建立一套食品安全预警机制。这个法令中，最具特色的就是其对食品安全风险的评估及预警机制之规定，这一特色机制在很大程度上使消费者的合法权益得以保障。此外，该法令还使食品安全的监管范畴得以扩大，并大大地促进了监管透明度的提升。[②]

2001 年，欧洲议会和欧盟委员会还出台了《关于公开获取欧洲议会、委

---

① 古桂琴：《欧美食品安全监管经验及其启示》，载《食品与机械》2015 年第 1 期。

② 赵东旭：《美国、欧盟、日本食品安全突发事件法律应对机制比较研究》，载《世界农业》2017年第 11 期。

员会和理事会文件的规则》及其实施细则，规定了政府信息在政府公报上的发布和告知制度，并确认公众在原则上能够获得欧盟系统各个机构的所有文件。这就确保欧盟各国公民可以获得有关食品安全突发事件应对的所有政府信息。同时，配合欧盟已经颁布的《通用食品法》《食品卫生法》及各国的信息自由法，各成员国公民获取有关食品安全突发事件中的政府信息有了极为坚实的法律基础。总体而言，欧盟关于食品安全突发事件中政府信息公开制度体系有以下内容。

一是关于预警信息的公开。欧盟建立了食品安全危害分析与关键控制点体系（简称 HACCP 体系），以监管分析食品产业链全过程中存在的风险危害因素，这个体系设有一系列程序性的规定，在实践中具有很强的操作性。HACCP 体系涵盖了食品产业链，即包含食品从原材料开始的生产、加工、运输、流通销售、消费等环节。因此，这套体系能够有效地监测各个环节中存在的风险因素，进而及时地发现食品安全事件暴发前的预示性信息。通过对这些预示性信息的收集、整理和分析，有关部门能快速地制定权威的预警信息并依法进行发布。① 显然，及时有效地发布预警信息能够减少食品安全突发事件带来的不利影响，甚至可将食品安全事件扼杀于摇篮之中。欧盟的此套体系已经较为完善，并已通过相关法律和法令融入其各成员国食品生产各环节中。

二是关于信息公开的平台。为了进一步促进食品安全信息的对外披露，欧盟食品安全局发起设立了统一的食品安全信息公开平台，此平台上所有与食品安全相关的当事方都可参与进来以咨询反馈信息。在这个平台上，消费者、食品企业和政府都可直接获取有关食品安全的全部信息。这一平台的设立使食品安全信息公开制度进一步完善，同时食品安全信息披露的效率也得到了极大提升。平台在政府的管理下加强了和食品安全利益相关者的沟通交流，各利益相关者还可通过听证会来参与欧盟食品安全政策及监管措施的制定。

---

① 任建超、韩青：《欧盟食品安全应急管理体系及其借鉴》，载《管理现代化》2016 年第 1 期。

3.1.3 日 本

第二次世界大战结束后，日本在美国的影响下大量地接受了西方民主思想和法律体系，其中也包括以美国为代表的政府信息公开制度体系。虽然相比其他西方国家，日本的政府信息公开制度建设稍晚，但其在亚洲地区仍然走在了前列。随着经济的发展，日本也依据自己的国情建立了一套能使国民和政府进行良好互动沟通的信息共享制度，这套制度对我国政府信息公开制度之建立有着重要的启示意义。除此之外，由于日本公民对食品安全突发事件的政府信息十分重视，日本所处的特殊地理环境导致政府在突发事件的应对处置上经验丰富，其实践操作中的很多做法也具有很强的参考价值。[①]

日本于1999年颁布了《关于行政机关保有信息公开法律》，该法常被简称为日本的《信息公开法》，从2001年起正式实施。这部法律的实施使日本政府信息公开制度从依据各类管理条例转向依据统一的立法，确定了一系列政府信息公开的标准和基础，还详细规定了政府信息公开的主体、范围、内容、形式与流程。[②] 日本信息公开制度具有三重无限性，即公开请求主体的无限性、公开对象文件的无限性以及公开方式的无限性。[③] 这就使日本政府信息公开的主体、范围、内容等基本不受限制，政府信息公开的方式方法因此更加灵活多样。此外，日本的《信息公开法》还确立了利益衡量原则，即要求当政府信息公开将更加有利于公共利益时，政府可以通过行使自由裁量权决定公开一些本可不对外公开的信息。

日本于2003年开始实施《食品安全基本法》，这部法律的核心在于保障食品的安全性，它使日本有关食品的立法不再仅仅局限于对卫生安全的关注，同时其还纳入了一套食品安全风险分析机制以加强监测预警，并设立直属内阁的食品安全委员会来帮助审议食品安全的相关风险。食品安全委员会的设立使日本政府有关食品安全的职能分工格局产生了巨变，过去对食品安全风险的评估主要是内阁中的厚生劳动省与农林水产省来进行，而今食品安全委

---

① 卫学莉、张帆：《日本食品安全规制的多中心治理研究》，载《世界农业》2017年第2期。

② 王玉辉、肖冰：《21世纪日本食品安全监管体制的新发展及启示》，载《河北法学》2016年第6期。

③ 王刚：《突发事件中的政府信息公开制度研究》，内蒙古大学2012年硕士学位论文。

员会则肩负起了审议职责。此外，为了保障信息的互通互享，食品安全委员会还采取了一系列的措施来加强与食品安全产业链中各主体的交流。整体而言，日本的《信息公开法》和《食品安全基本法》从总体上指导着该国食品安全管理和食品安全政府信息公开的基本方向。

作为亚洲范围内对食品安全关注最早的国家之一，日本在食品安全事件应急处置上有着丰富的理论和实践经验。厚生劳动省作为负责日本医疗卫生和社会保障的主要机构，在食品安全事件暴发后承担着重要的责任。一旦出现影响范围大、危害严重的食品安全突发事件，厚生劳动省主要负责了解事件基本情况、采取措施控制事态、积极作为对事件进行善后处理以维护社会秩序，其中也包含对食品安全突发事件中政府信息的对外发布。当食品安全事件暴发后，厚生劳动省下属的医药食品局将组织召开事件应急处置小组会议，对相关信息进行收集、整理及核查。信息收集、整理、核查后将由医药食品局上报厚生劳动省，上报内容包括事件发生的原因、影响范围、危害程度以及受事件影响的民众的受损程度，由厚生劳动省审核后统一对外进行发布。此外，日本医药食品局设有统一的信息公开平台，食品安全事件暴发后，医药食品局还会主动公开涉及的不合格商家与不合格食品的信息，以方便普通群众查询。

农林水产省作为负责管理农林产品、食品质量安全和维护消费者权益的机构，其主要职责在于从食品供应链的上游领域来控制食品原材料的安全。当食品安全事件发生后，农林水产省主要负责的是收集食品安全的相关危机信息并与其他相关机构进行信息交流。农林水产省下设消费安全局，主要负责保护食品消费者及控制农林水产品的安全风险。每年消费安全局都会在固定时间对其在全国范围内收集的食品安全信息进行评估，若发现可能导致食品安全突发事件的风险因素，将及时上报上一级组织。消费者安全局有官方网站，食品安全事件发生后，其也会在官方网站上听取民众的意见并予以反馈。

食品安全委员会作为负责食品安全风险评估和信息沟通的机构，在日本的食品安全监管中发挥了重要作用。其除了承担日常的食品安全风险评估、风险沟通、应急管理职责之外，还需通过各种手段协调各食品安全监管部门，对日本国内各行政区域内的食品安全信息进行收集。当发现有食品安全突发事件的风险时，食品安全委员会先在内部对信息进行汇总、分析，并根据自身的评价体系对信息进行综合评判，再将相关风险信息对外公开。此外，食品安全委员会还可基于自身的权力制定促进各方有效合作的方案以推进交流；同时该机构还特别注重与民众的信息沟通与分享，为此还专门设立了职能部门，制定了专项制度。

3.2 域外立法的启示

通过对美国、欧盟、日本等地方的食品安全突发事件中政府信息公开的相关制度及立法规定的分析解读，不难发现它们的制度体系有不少值得我国立法借鉴之处。

3.2.1 注重构建信息公开的法律体系

通过对美国、欧盟、日本相关立法之梳理，不难发现，其有关食品安全突发事件中政府信息公开的立法层级都较高，且相关立法已构成较为完整的法律体系。例如，美国的《信息自由法》和日本的《信息公开法》都是以国会立法形式对信息公开予以规制。在这些位阶较高的立法的指导下，政府部门又分别制定了有关食品安全突发事件中信息公开的操作细则，由此形成了一个相互配合、相互支持、相互补充的完整体系。反观我国，系统规范政府信息公开的立法——《政府信息公开条例》的位阶较低，若与法律规定发生冲突，则难以判定是否适用。当作为上位法的《政府信息公开条例》都无法确定是否适用时，各地颁布的作为政府规范性文件的食品安全突发事件应急预案则更难有效应对信息公开中的相关问题。除此之外，我国食品安全突发事件中政府信息公开的相关法律体系不健全也导致行政机关拥有较大的自由裁量权。[1] 不加限制的自由裁量权易致使公开的信息混乱、不一致，进而阻碍突发事件的应急处置进程，不利于降低事件带来的破坏性影响，同时也阻

---

[1] 周峰：《欧盟食品安全管理体系对我国的启示》，载《山东行政学院学报》2015 年第 2 期。

碍社会正常秩序的恢复。由此出发，提升我国政府信息公开立法的位阶等级、建立健全立法的制度体系，在应对食品安全突发事件中尤为重要。

3.2.2　强调立法规定的现实操作性

美国、欧盟、日本等有关食品安全突发事件中政府信息公开的立法规定较为完备，且法律条文较为细致，这使立法在实践中操作性更强。比如，美国联邦立法对食品安全突发事件政府信息公开的主体及其权责有明确规定，确保了实践中负责信息公开工作的行政机关权责明晰，且相互间能够有效地沟通交流，便于食品安全事件发生后各部门能各司其职，共同做好信息公开工作。制度要顺利运行应当以立法规定作为保障，我国应当借鉴域外国家和地区的相关立法，通过立法细化并明确食品安全突发事件中政府信息公开的各项内容。例如，我国目前有关食品安全突发事件中政府信息公开的立法较为零星、琐碎，且层级不高，导致各地在具体适用上存在较大差异，引发公众对食品安全突发事件政府信息公开效果的广泛质疑；再例如，由于我国现有信息公开立法对信息披露的内容、方式缺乏明确规定，导致各地在食品安全突发事件中公开什么、如何公开的做法大相径庭，既不利于有效应对各类突发事件，也严重影响了政府的权威性。

3.2.3　重视建立统一的信息公开平台

建立统一的食品安全信息公开平台符合行政便民原则，能够使民众快速查找和获取所需的信息，同时也能确保信息发布的统一性与权威性。从前文内容可知，美国、欧盟、日本已在这方面有较为成功的经验。与此同时，我们检索查找我国食品安全突发事件政府信息公开的案例时发现，在信息公开主体、内容、对象、时限、程序等方面各地的规定基本上各行其是，做法不统一严重影响了信息公开的质量和效果。从域外经验可知，解决该问题的有效方式之一就是建立全国统一的食品安全政府信息公开平台，以及时公布最权威的消息。① 有了统一的信息发布平台，政府部门能在食品安全事件发生时及时发布信息，避免谣言或不实信息的传播，民众也能在最短时间内通过

---

① 高琦、赵溦：《日本食品安全问题分析及对我国的借鉴意义》，载《日本研究》2013 年第 3 期。

该平台获知第一手信息，避免产生恐慌情绪。民众也能配合政府应对和处理突发事件，确保将损害后果降至最低。

3.2.4 强化预警信息的及时发布

建立并完善预防性规制体系，加强前期对风险的监测与管理，能够很好地控制风险。[①] 食品安全突发事件中预警信息的发布具有多重作用，其作用之一就是能使公民快速采取预防应对措施，避免或减少危害后果的发生。当前，各国极为重视普及科学的防范措施，民众预防食品安全突发事件的能力有了较大提升，因此及时发布预警信息，能够将可能的损害降至最低，域外国家和地区在这方面已有成功的经验和做法。如前所述，欧盟建立的 HACCP 体系使政府部门能在日常监管过程中有效地对食品安全风险进行信息监测与收集，并可在研判后及时对外发布预警信息，这在一定程度上可以预防食品安全突发事件的发生，也可为事件发生后的处置与应对提供较好的基础。当前，我国食品安全突发事件中政府信息公开往往集中于事件暴发后，忽视了预警阶段对信息的收集、整理及公开，这应当在此后的立法修订中加以完善。

---

① 彭娟：《论日本食品安全危机的法律应急机制》，载《商业文化》2011 年第 2 期。

第四章　我国食品安全突发事件中政府信息公开的立法现状

要对我国食品安全突发事件中政府信息公开的模式进行归纳总结，就必须完整正确地呈现相关领域立法的基本面貌。本章拟通过解读现行立法的具体规定，分析立法存在的缺陷与不足，进而为后文的模式概括进行铺垫。

4.1　食品安全突发事件中政府信息公开的立法概况

4.1.1　立法沿革

早在 1953 年，当时政务院下属的卫生部就颁布了《清凉饮料食物管理暂行办法》，这是中华人民共和国成立后关于食品安全的第一部立法性文件。随后，在 20 世纪 50 年代，《食堂卫生管理办法》《食品加工、销售、饮食业卫生"五四"制》等立法性质的文件也相继出台。此外，为了加强对不同种类食品安全的监管，卫生部、商业部等部委联合中华全国供销合作总社先后共同颁布了规范粮、油、肉、蛋等食品卫生的具体规定，由此拉开了我国食品安全法治建设的帷幕。1964 年，国务院批准颁布了国内最早规制食品卫生的行政法规——《食品卫生管理试行条例》，初步奠定了我国食品安全监管的基石。20 世纪 70 年代末，为进一步推进我国食品卫生方面的法制建设，国务院颁布实施了《中华人民共和国食品卫生管理条例》（1979）。这一时期，政府相关部门还对粮食、油类、肉制品、蛋制品、乳制品、水产品等 14 类食品共制定了 54 项食品卫生标准以及 12 个食品卫生管理办法，确保食品安全监管范围得到扩展。但此阶段的立法目的在于预防以及减少食品安全事故发生，立法内容较为单一，所涉及的食品种类也主要限于粮油肉蛋、乳制品、水产品等日常生活常见食品。这一时期，政府信息公开尚未进入公众视野，相关立法也没有规定食品安全突发事件中政府信息公开的内容。

20 世纪 80 年代以后，随着改革开放深入推进，社会上出现了大量生产、经营假冒伪劣食品的行为，产生了较为严重的食品安全问题，并引发了民众的广泛关注。为解决食品安全问题，完善食品安全相关法律，适应改革开放环境下不断变化的食品安全新形势，1982 年，全国人民代表大会常务委员会（以下简称全国人大常委会）通过了《中华人民共和国食品卫生法（试行）》（以下简称《食品卫生法（试行）》）。以此为基础，卫生部制定了大量的食品卫生管理规章，陆续出台众多关于食品安全的国家标准，这标志着我国食品卫生法律体系的初步形成。同时，《食品卫生法（试行）》也是我国第一部由全国人大常委会颁行的规范食品安全以及食品卫生的法律，显示出国家对食品安全问题的日益重视。《食品卫生法（试行）》明确规定了有关行政部门对食品安全信息的公开义务，比如第 33 条第 3 款规定食品卫生监督机构的职责包含"宣传食品卫生、营养知识，进行食品卫生评价，公布食品卫生情况"。1993 年，全国人大常委会通过了《中华人民共和国产品质量法》（以下简称《产品质量法》），明确了产品质量的监督管理以及责任划分，要求相关食品的制作者与经营者对其所制作、出售的食品的质量安全承担责任，这为维护民众和消费者的合法权益提供了法律依据。2009 年《食品安全法》正式颁布实施后，其作为维护食品安全、保障消费者合法权益、预防及减少食品污染以及有毒有害因素危害健康的基本法，对于遏制食品安全恶性事件、制裁食品安全违法行为发挥了重要作用。这一时期，我国食品安全立法进入一个小高峰期，国家及地方颁布的有关食品安全的法律法规数量大幅上升，涉及的食品种类也不再限于原有的粮油肉蛋、乳制品、水产品等常见食品，而是包含了"从农田到餐桌"过程中几乎所有的食品。即便如此，有关食品安全突发事件中信息公开的内容仍然没有出现在立法条文中。

2001 年我国正式加入世界贸易组织（WTO），这要求我国与食品安全相关的立法、国家标准急需与 WTO 的规定相统一。与此同时，这一阶段我国经济高速发展，与食品有关的国内与国际贸易大量增加，食品安全问题及食品安全事件也愈发引人瞩目，特别是 2006 年的"苏丹红鸭蛋事件"以及 2008 年的"三聚氰胺奶粉事件"，不仅造成了极其恶劣的社会影响，而且严重影响了我国的国际形象。事件发生促使国家对食品安全工作的重视程度空前提高，进一步推动了有关食品安全的法律法规、规范性文件以及国家标准的相继出台。2009 年，《食品安全法》正式颁布实施，加上 2007 年颁行的《政府信息公开条例》《突发事件应对法》，我国食品安全突发事件中政府信息公开的法律体系开始形成，实务操作有了基本的立法依据。此后，《食品安全法》分别在 2015 年、2018 年、2021 年经过三次修改，明确规定发生食品安全事故后，有关行政机关及相应部门需依法对外公开食品安全事故信息，同时还必须重视对食品安全事故可能产生的危害后果向公民进行解释和说明。《政府信息公开条例》于 2019 年完成了修订，进一步完善了政府信息公开的操作要求。

至此，经过几十年发展，以《食品安全法》《突发事件应对法》《政府信息公开条例》为核心，以《中华人民共和国食品安全法实施条例》（以下简称《食品安全法实施条例》）、《突发公共卫生事件应急条例》及国家卫生健康委员会、国家市场监督管理总局等颁行的部门规章为补充，辅之以地方性法规、地方政府规章，规范食品安全突发事件中政府信息公开事项的法律体系基本形成。与此同时，国务院各部委及地方各级政府还先后颁布了《国家食品安全事故应急预案》《国家突发公共卫生事件应急预案》等一系列行政规范性文件，这些文件细化了食品安全突发事件中政府信息公开的具体内容，也成为下文分析解读立法现状不可或缺的基本文本。

4.1.2　立法架构

我国食品安全突发事件中政府信息公开的法律体系处于不断发展与改进中，以下依据现行立法位阶等级的不同，对包括各类规范性文件在内的制度文本略加描述。

4.1.2.1　法　律

目前，我国法律层面上应对食品安全突发事件的文本主要是《食品安全法》和《突发事件应对法》，这两部法律相互配合、相互补充，为食品安全突发事件中政府信息的公开工作提供了最基础的文本依据。

2009年6月1日施行的《食品安全法》明确规定了国家要建立食品安全信息统一公布制度，以国务院卫生行政部门为主负责综合协调相关政府信息公开工作。《食品安全法》还规定了政府信息公开的内容，包括食品安全相关风险的评估及预警信息、食品安全事故概况、处置情况以及其他的需要对外公开的政府信息。但整体而言，有关食品安全突发事件中信息公开的条文较为笼统且不全面，并不能完全解决现实中所遇到的问题。此法颁布施行以后，国内食品安全问题仍然层出不穷，2010年暴发的"地沟油事件"以及2011年暴发的"瘦肉精事件"等都产生了巨大的影响。在这些食品安全突发事件中，由于政府信息公开不及时、不全面、不准确，导致各种不实信息甚至谣言在公众中迅速传播，造成了极其恶劣的影响，引发民众对政府信息公开的高度关注以及对知情权的强烈呼吁。这意味着《食品安全法》的规定已无法有效应对社会需求。2015年、2018年与2021年，全国人大常委会先后三次对《食品安全法》进行了修改，并进一步完善了有关食品安全突发事件中政府信息公开的内容。现行《食品安全法》一共十章，其中与食品安全突发事件中政府信息公开相关的内容主要集中于第二章风险监测和评估、第三章食品安全标准与第七章食品安全事故处置中。

作为突发事件应对的专门立法，2007年11月1日施行的《突发事件应对法》第53条明确规定："履行统一领导职责或者组织处置突发事件的人民政府，应当按照有关规定统一、准确、及时发布有关突发事件事态发展和应急处置工作的信息。"第54条还专门规定："任何单位和个人不得编造、传播有关突发事件事态发展或者应急处置工作的虚假信息。"这是规范突发事件中政府信息公开行为的直接依据。除此之外，因大部分突发事件具有可预测性，故加强对预警信息的发布能够及时让公众采取特定措施，减少事件造成的危害结果。故《突发事件应对法》还特别重视政府预警信息的收集、发布工作，要求加强对突发事件相关风险因素的监测和收集，以求能在最短时间内对预警信息进行分析、评估和发布。

综合《食品安全法》《突发事件应对法》可知，应对食品安全突发事件时，应由政府负责开展统一、准确、及时的发布工作，对包括事件预警、发生、发展、处置与善后工作的信息进行公开，防止事件后果的扩大化。

4.1.2.2　行政法规、部门规章

在规制食品安全突发事件中政府信息公开的行政法规层面，主要是国务院制定和颁布的《食品安全法实施条例》《突发公共卫生事件应急条例》以及《政府信息公开条例》三部立法。

根据《立法法》之规定，行政法规的一个重要功能是细化立法的相关规定，确保行政行为的实务操作更加规范化，《食品安全法实施条例》就是如此。《食品安全法实施条例》细化并补充了《食品安全法》相关内容，例如，其明确规定，食品安全突发事件处置过程中，食品安全监督管理部门应当依照《食品安全法》和本条例的相关规定对所涉及的食品安全信息进行公开，以方便公众咨询、投诉、举报；任何组织和个人有权向有关部门了解食品安全信息。《食品安全法实施条例》与《食品安全法》相互配合实施的同时也进一步完善了食品安全突发事件的相关应急处置法律机制。

《立法法》明确规定，国务院行政管理职权的事项可制定行政法规。2003年，为了应对我国境内暴发的非典疫情，国务院颁布了《突发公共卫生事件应急条例》，后因社会发展需要，该条例于2011年结合《突发事件应对法》《食品安全法》进行了修订。食品安全突发事件属于公共卫生突发事件中的一种，因此食品安全突发事件中政府信息公开的相关工作同样适用于《突发公共卫生事件应急条例》。根据《突发公共卫生事件应急条例》，政府信息发布的主体，除国务院卫生行政主管部门外，在必要情况下经授权的省、自治区、直辖市人民政府卫生行政主管部门也可对外发布信息，这就大大拓展了食品安全突发事件中政府信息公开的主体范围，有助于强化政府部门的信息公开义务，也有利于及时应对突发事件。

为了保障公民、法人和其他组织依法获取政府信息，提高政府工作的透明度，提升政府的法治化水平，国务院于2007年颁行了《政府信息公开条例》。该条例是第一部全面系统规范政府信息公开的立法，规定了政府信息公开的一般准则，政府信息公开之范围、方式、程序、时间。随着社会的转型加剧，各类社会矛盾和突发事件日益增多，民众对知情权的重视程度也达到了前所未有的高度。以往公民对政府信息的关注往往局限于与自身利益相

关的事项，现在则更多关注影响自身安全和健康的事项，这对政府信息公开的深度和广度提出了更高要求。因此，为进一步推进我国政府信息公开的法制建设，保障人民群众的合法权益，2019 年国务院对《政府信息公开条例》进行了修订，进一步明确了政府信息应当"以公开为常态，不公开为例外"，并对公开范围、公开程序进行了完善。由此，《政府信息公开条例》与前文所述的《食品安全法实施条例》《突发公共卫生事件应急条例》相互支撑、相互配合，为我国食品安全突发事件中政府信息公开提供了更具操作性的指引，大大提升了政府信息公开在应对突发食品安全事件时的效果。

除了行政法规，国务院所属部门也先后制定、颁行了大量与食品安全有关的部门规章，比如商务部颁布的《流通领域食品安全管理办法》、原卫生部颁布的《餐饮服务食品安全监督管理办法》、国家市场监督管理总局颁布的《网络餐饮服务食品安全监督管理办法》与《食品安全抽样检验管理办法》、国家卫健委颁布的《食品安全风险评估管理规定》与《食品安全风险监测管理规定》、海关总署修订后颁布的《进出口食品安全管理办法》等，其中也有不少条款涉及食品安全中的政府信息公开，但缺乏对食品安全突发事件中政府信息公开的直接规定和明确要求。

4.1.2.3 地方性立法及规范性文件

除了法律、行政法规、部门规章，有关食品安全突发事件政府信息公开的内容还在一些地方性立法中有所体现，比如 2012 年实施的《四川省突发事件应对办法》、2010 年实施的《广东省突发事件应对条例》、2020 年的《四川省中小学校食品安全管理办法》等。这些地方性立法及规范性文件里有不少内容涉及突发事件中的政府信息公开，比如《广东省突发事件应对条例》规定，在事件预警阶段，通过全省突发事件预警信息发布系统统一发布突发事件预警信息，同时明确，"二级以上预警信息，由省人民政府应急管理办公室根据省人民政府授权负责发布；三级预警信息，由各地级以上市人民政府应急管理办公室根据本级人民政府授权负责发布；四级预警信息由县级人民政府应急管理办公室根据本级人民政府授权负责发布。"再比如，在事件处置阶段，该条例第 43 条规定："县级以上人民政府根据有关法律、法规、规章，建立健全突发事件信息公开制度和新闻发言人制度。履行统一领导职责或者组织处置突发事件的人民政府，应当按照国家规定的权限准确、及时发布有关突发事件事态发展和应急处置工作的信息。"这些规定与《食品安全法》《突发事件应对法》的内容基本保持一致，但也存在内容粗疏、操作性不强等特点。

相比而言，食品安全突发事件中政府信息公开的操作性规定往往多见于各级政府颁布的一系列规范性文件当中，比如中央层面的《国家突发公共卫生事件应急预案》《国家食品安全事故应急预案》以及各地政府所制定的《食品安全突发事件应急预案》。以《国家食品安全事故应急预案》为例，该文件源于国务院在 2006 年制定的《国家重大食品安全事故应急预案》，后于2011 年 10 月 5 日修改更名而来。预案主要目的是建立健全应对食品安全事故运行机制，有效预防、积极应对食品安全事故，高效组织应急处置工作，最大限度地减少食品安全事故的危害，保障公众健康与生命安全，维护正常的社会经济秩序。预案将食品安全事故按照危害程度和影响范围划分为四个等级，每个等级对应有各自的应急处置措施，确保相关部门据此有序开展应急处置工作。预案也明确规定了食品安全突发事件中政府信息公开的要求，写明了政府信息公开的方式和主体。该预案出台后，各地政府都结合本地区现实情况制定出台了本行政区域内食品安全突发事件的应急预案。

整体而言，中央政府及地方政府出台的这些预案是依据《食品安全法》《突发事件应对法》等基本法的规定，结合本地区实际情况以及工作实践制定而成，对立法条文进行了更为系统、细致的完善，更符合公职人员在食品安全突发事件政府信息公开实践过程中的操作需求。这些预案对食品安全突发事件的分级、工作安排、职责设置、处置流程等都有较为具体的规定。根据这些规范性文件，食品安全突发事件发生后，一般由党委、政府宣传部门（如政府新闻办、网信办）牵头，会同食药监管部门、公安机关、卫计委等协调处理有关事件的宣传报道和舆论引导，同时做好信息发布工作。除此之外，《食品安全突发事件应急预案》还细化了预警信息的发布，当各级食品安全监管部门研判可能发生食品安全突发事件时，应向本级人民政府提出预警信息发布建议，再由地方政府组织进行预警信息的发布。

4.2 食品安全突发事件中政府信息公开的立法内容

依据《突发事件应对法》及相关行政规范性文件之规定，食品安全突发事件大体可以划分为预警、处置及善后三个大的阶段，由此出发，我们对其间的政府信息公开的立法规定进行分析和阐述。

4.2.1 事件预警阶段

突发事件预警是指政府根据以往总结的规律或观测得到的可能性前兆，对可能发生，并可能造成严重社会危害，需要采取应急处置措施应对的事件进行事先的信息发布，从而最大程度地减轻事件所造成的损失的行为。预警阶段，政府信息公开的主要目的在于预防，着眼点在于让公众了解事件内容，明确自身在应急管理中的权利和义务，知晓周围环境中的风险源、风险度、预防措施以及自身在（突发事件）处置中的角色。[①] 在此阶段，政府信息公开的重点应该包含两个部分：一是与食品安全突发事件相关的法律法规、本地区应急预案，以及和食品安全相关的科学常识；二是风险预警信息，包括食品安全突发事件的类型和预警级别、事件可能暴发的时间、事件的危害影响范围以及科学的规避防护措施。我国现行立法、规范性文件主要对预警阶段食品安全突发事件中政府信息公开的主体和内容进行了较为详细的规定。

就食品安全突发事件预警阶段政府信息公开的主体看，《食品安全法》第10条规定，各级人民政府应当加强食品安全的宣传教育，普及食品安全知识；第21条规定，国务院食品安全监督管理等部门应当依据各自职责立即向社会公告，告知消费者停止食用或者使用，并采取相应措施，确保该食品、食品添加剂、食品相关产品停止生产经营；第22条规定，对经综合分析表明可能具有较高程度安全风险的食品，国务院食品安全监督管理部门应当及时提出食品安全风险警示，并向社会公布；第118条规定，食品安全风险警示信息由国务院食品安全监督管理部门统一公布，但是对于影响范围有限的事

---

① 李军：《突发环境事件政府信息公开立法研究》，江西师范大学2017年硕士学位论文。

件可由事件发生地的省、自治区、直辖市人民政府食品安全监督管理部门作
为信息公开的主体。

　　《突发事件应对法》将突发事件分成了四级，与此相对应，不同级别的
突发事件预警信息的公开主体也不同。该法第43条规定："可以预警的自然
灾害、事故灾难或者公共卫生事件即将发生或者发生的可能性增大时，县级
以上地方各级人民政府应当根据有关法律、行政法规和国务院规定的权限和
程序，发布相应级别的警报，决定并宣布有关地区进入预警期，同时向上一
级人民政府报告，必要时可以越级上报，并向当地驻军和可能受到危害的
毗邻或者相关地区的人民政府通报。"但具体的权限设定和程序，该法没有
明确规定，只是根据该法第44条、第45条规定，发布三级、四级警报，
宣布进入预警期后，县级以上地方各级人民政府应当根据即将发生的突发
事件的特点和可能造成的危害，定时向社会发布与公众有关的突发事件预
测信息和分析评估结果，并对相关信息的报道工作进行管理，及时按照有
关规定向社会发布可能受到突发事件危害的警告，宣传避免、减轻危害的
常识，公布咨询电话；及时向社会发布有关采取特定措施避免或者减轻危
害的建议、劝告。

　　除此之外，《政府信息公开条例》第4条规定，各级人民政府及县级以
上人民政府部门应当建立健全本行政机关的政府信息公开工作制度，并指
定机构（以下统称政府信息公开工作机构）负责本行政机关政府信息公开
的日常工作；第10条规定，制作、保存该政府信息的行政机关有权对该政
府信息进行公开。食品安全突发事件预警阶段需要公布的信息不仅包含风
险警示信息，还包括与食品安全有关的法律法规及相关应急预案，以及与
此相关的科普信息。因此，食品安全突发事件预警阶段信息公开的主体并
非一个统一的部门，国务院食品安全监督管理部门、卫生行政主管部门及
各级人民政府等都可以作为信息公开的主体，只是负责公开的信息内容有
所区别。依据《食品安全法》，在预警阶段，与食品安全突发事件相关的
风险警示信息主要由国务院食品安全监督管理部门统一公布及经授权的省、
自治区、直辖市人民政府食品安全监督管理部门对外公布；至于涉及的法
律法规、应急预案、食品安全科普知识等，可由各级人民政府组织相关部

门对外公布。上海市即采取此类模式，《上海市食品安全事故应急预案》
（2020 版）明确规定，在可能发生食品安全事故时，由上海市食品药品安
全委员会办公室负责对外发布预警信息，保证预警信息发布的及时性、统
一性及权威性。

就食品安全突发事件预警阶段政府信息公开的内容看，《食品安全法》
规定的内容包括与食品相关的安全知识，食品、食品添加剂、食品相关产品
不安全结论与信息，食品安全风险警示等。《突发事件应对法》规定的内容
包括获取突发事件信息的渠道、突发事件预测信息和分析评估结果、可能
受到突发事件危害的警告，宣传避免、减轻危害的常识和措施以及信息咨
询电话。《国家食品安全事故应急预案》规定的内容包括食品安全风险监
测结果和食品安全风险警示信息。一些地方性规范文件在此基础上进行了
深化，比如《天津市食品安全突发事件应急预案》（2017 版）规定预警信
息的内容应当明确具体，包括发布单位、发布时间，可能发生突发事件的
类别、起始时间、影响范围、预警级别、警示事项、事态发展、相关措施、
咨询电话等内容。综合来看，现有法律法规对食品安全突发事件预警阶段
内容的规定并不完整；同时，从各层级的应急预案及相关规范性文件来看，
也没有统一的内容标准。这样的结果是，可能导致食品安全突发事件预警
阶段信息公布的内容不完整、不全面、不统一，进而可能影响信息公布的
效果。

4.2.2 事件处置阶段

突发事件处置是指政府对已经发生的，造成或者可能造成重大人员伤亡、
财产损失、生态环境破坏和严重社会危害，危及公共安全的紧急事件采取各
种措施进行应对，将损害后果降至最低。处置阶段是应对食品安全突发事件
最为重要的阶段，这一阶段政府信息公开工作的好坏直接影响社会舆论走向
以及危机应对的后果；若是政府信息公开不及时、不全面、不准确，则极易
造成谣言在群众中的广泛散播进而引发大面积恐慌，从而导致损害后果的扩
大化。因此，政府信息公开首先要做到让公众及时掌握相关信息以便了解事
件真相，对事件的性质、危害程度和影响范围、暴发的原因、受影响的人数

及救治情况、所涉及的食品安全信息等应当尽可能公开。① 其次，要随时更新事件进展情况，对政府已经采取的应急处置措施、处置措施已取得的成效、之后将要采取的措施等进行及时发布，同时在必要时对公民解释、说明采取这些措施的依据和理由，以及公众应当予以配合的措施。我国现行立法、规范性文件对处置阶段食品安全突发事件中政府信息公开的主体和内容进行了较为详细的规定。

就食品安全突发事件处置阶段政府信息公开的主体看，《食品安全法》第 105 条规定，县级以上人民政府食品安全监督管理部门接到食品安全事故的报告后，应当立即会同同级卫生行政、农业行政等部门进行调查处理，并应当做好信息发布工作，依法对食品安全事故及其处理情况进行发布，并对可能产生的危害加以解释、说明；第 120 条规定，县级以上人民政府食品安全监督管理部门发现可能误导消费者和社会舆论的食品安全信息，应当立即组织有关部门、专业机构、相关食品生产经营者等进行核实、分析，并及时公布结果。《突发事件应对法》第 53 条规定："履行统一领导职责或者组织处置突发事件的人民政府，应当按照有关规定统一、准确、及时发布有关突发事件事态发展和应急处置工作的信息。"《突发公共卫生事件应急条例》第 25 条规定："国家建立突发事件的信息发布制度。国务院卫生行政主管部门负责向社会发布突发事件的信息。必要时，可以授权省、自治区、直辖市人民政府卫生行政主管部门向社会发布本行政区域内突发事件的信息……"《国家食品安全应急预案》中要求宣传部门应与其他相关部门积极配合以组织开展对食品安全事故的处置进行报道并合理地引导舆论走向。此外，事件处置阶段政府信息公开主体还应当适用《政府信息公开条例》第 3 条与第 10 条之规定。

综上，现行法律法规及规范性文件规定食品安全突发事件处置阶段政府信息公开的主体主要包括各级人民政府、县级以上人民政府食品安全监督管理部门、国务院卫生行政主管部门及授权的省级人民政府卫生行政主管部门。此外，在一些地方性立法及政府规范性文件中，还对信息公开的主体作出了

---

① 江丽敏：《食品安全监管信息公开制度研究》，山西财经大学 2017 年硕士学位论文。

更明确的规定，但各地区之间又存在着一些差异。比如，《成都市食品安全突发事件应急预案》（2018 版）规定，成都市人民政府是信息公开的主体，以此来保证所公布信息的统一、全面、权威；再比如，《上海市食品安全事故应急预案》（2020 版）规定，Ⅲ级、Ⅳ级食品安全事故信息由上海市食药安办或事发地所在区政府按照有关规定进行发布，而Ⅰ级、Ⅱ级食品安全事故信息则由上海市人民政府按照有关规定发布。本书认为，这些规定与《食品安全法》第 108 条之规定存在一定的出入，其合法性、正当性有待进一步论证。但总体而言，根据食品安全突发事件的级别不同，由不同层级的政府及工作机构进行信息公布能充分利用资源、提升信息公开的效率，是一种可行的做法。

就食品安全突发事件处置阶段政府信息公开的内容看，依据《食品安全法》第 105 条规定，政府信息公开的内容主要是食品安全事故及其处理情况、可能产生的危害；《突发事件应对法》第 53 条规定应当公布的内容为事态发展和应急处置工作的信息。此外，根据《政府信息公开条例》之规定，属于国家秘密的政府信息，法律、行政法规禁止公开的政府信息，以及公开后可能危及国家安全、公共安全、经济安全、社会稳定的政府信息，涉及商业秘密、个人隐私的信息，以及行政机关的内部事务信息、过程性信息、执法案卷信息等不属于政府信息公开的范围，这当然也适用于食品安全突发事件处置中的信息公开。总体而言，现行立法对这方面内容的规定较为抽象、概括，操作性不强。除了立法性文件，政策性文件也有相应规定。比如，《国家突发公共事件总体应急预案》就强调：突发公共事件的信息发布应当及时、准确、客观、全面。事件发生后的第一时间要向社会发布简要信息，随后发布初步核实情况、政府应对措施和公众防范措施等，并根据事件处理情况做好后续发布工作。再比如，《成都市食品安全突发事件应急预案》（2018 版）规定信息发布的内容应包括事件概况、严重程度、影响范围、应对措施、需要公众配合采取的措施、公共防范常识和事件调查处理进展情况等。这些规定在一定程度上能够弥补现行立法之不足，但也存在明显的地区差异。

此外，就政府信息公开的时限要求看，现行立法及规范性文件对食品安全突发事件发生后政府应在多长时间内进行信息公开没有明确规定，比如

《食品安全法》第 118 条规定，公布食品安全信息，应当做到准确、及时，并进行必要的解释说明，避免误导消费者和社会舆论。《突发公共卫生事件应急条例》第 118 条规定信息发布应当及时、准确、全面。《国家突发公共事件总体应急预案》增加了"客观"两字。从理论上分析，食品安全突发事件处置阶段的政府信息公开一般为主动公开，应当遵循《政府信息公开条例》的时限要求。依据该条例第 26 条，政府信息至形成或变更之日起 20 个工作日以内需要对外进行公开，除非法律法规对此另有规定。但很显然，食品安全突发事件处置具有紧迫性和紧急性，20 个工作日的时限规定明显过于宽松，远远不能满足实践操作之需要，应当由单行立法作出单独规定。除此之外，食品安全突发事件处置过程中如果涉及依申请公开的情形，也应当适用《政府信息公开条例》第 33 条中 20 个工作日的时限要求。

4.2.3　事件善后阶段

突发事件善后一般是指在事件应对结束后，政府对事件进行调查处置，并采取有效措施减少或消除事件的不良影响，尽快恢复原有的正常秩序，尽量避免类似情况再次发生。从理论上分析，这一阶段，政府信息公开的主要内容有：食品安全突发事件的调查结果，包括事件产生原因、造成的影响与损害后果；有关部门的善后处理措施，包括防止类似事件再次发生的预防措施；对相关责任人员的追责情况，包括对造成食品安全突发事件责任人、违规履职或不作为的公职人员、散布谣言影响社会稳定的违法分子等的最终处理情况。[①] 我国现行立法中，并未对食品安全突发事件善后阶段信息公开的相关主体、内容、时间、程序等作特别规定。《食品安全法》《政府信息公开条例》《突发公共卫生事件应急条例》等立法中虽对散布虚假信息的责任人、未按规定公布食品安全信息的有关部门及直接责任人明确了应承担的民事、刑事或行政责任，但对于是否应公开这些善后阶段的处置信息却未作明确说明及提出具体要求。

在食品安全突发事件的善后阶段，若有公民、法人或其他组织认为有关

---

① 王刚：《突发事件中的政府信息公开制度研究》，内蒙古大学 2012 年硕士学位论文。

部门未依法依规公布相关政府信息侵害了自身知情权或其他合法权益的，可依据《政府信息公开条例》进行救济。对于未按照要求主动公开政府信息的行政机关，权利人可依据《政府信息公开条例》第 47 条向政府信息公开工作主管部门提出信息公开申请；权利人认为政府信息公开导致自身其他合法权益被侵犯时，除可向上一级行政机关或者政府信息公开工作主管部门投诉、举报、提出信息公开申请外，还可依据《政府信息公开条例》以及《行政复议法》《行政诉讼法》相关内容提起行政复议或者行政诉讼。[1]

4.3　食品安全突发事件中政府信息公开的立法缺陷

通过以上立法文本解读，不难发现，我国有关食品安全突发事件中政府信息公开的立法明显存在缺乏系统性、空白之处较多及操作性不强三个方面的缺陷，以下对此略加分析阐述。

4.3.1　立法缺乏系统性

立法的系统性一般是指法律规定要有严格的结构与层次，要求单部法律内容应当逻辑严谨，不同立法之间应该紧密联系，互相支撑、互为补充，构成一个严密的整体。若立法规定缺乏系统性，则可能导致对法益的保障不全面、不完整、不协调。如前所述，食品安全突发事件通常可分为三个相对独立的阶段，即预警阶段、处置阶段、善后阶段，不同阶段追求的价值目标有所不同。对于可预见的食品安全突发事件，预警阶段公开相关信息的主要目的是起到预防和制止作用，提醒民众予以防范，以减小可能造成的损失。对于已经发生并在调查处置阶段的食品安全突发事件，公开有关信息之目的在于让公民了解事件的基本情况、调查进展情况以及需要注意的相关事项，以防止谣言的产生，维护社会稳定，提升事件处置的针对性及效率。对于进入善后阶段的食品安全突发事件，公开相关信息之目的主要在于让公民了解整个事件的概况，消除事件影响，恢复正常的社会秩序，避免类似事件再次发

---

[1] 孙帅：《论突发事件政府信息公开法律规制及其优化》，载《辽宁行政学院学报》2012 年第 12 期。

生。政府信息公开涉及的要素包含信息公开的主体、内容、对象、时限、程序等，因此要制定系统的食品安全突发事件政府信息公开的法律，就应该将这些因素考虑进去以求形成结构具有逻辑层次的系统性规定。这就要求以食品安全突发事件三个主要阶段为切入点，对政府信息公开的全部制度要素进行详细规定。

目前我国没有制定关于食品安全突发事件中政府信息公开的单独立法性文件，且通过上文对现行有关的立法及政策性文件内容之梳理，不难发现食品安全突发事件中政府信息公开的内容比较零星、琐碎，系统性不强。相关规定散见于一些单行法律法规和一些政策性文件当中，如《食品安全法》《突发事件应对法》《政府信息公开条例》《食品安全法实施条例》《突发公共卫生事件应急条例》《国家突发公共卫生事件应急预案》《国家重大食品安全事故应急预案》等，这使在实务中寻找依据时需要查询多部法律法规以及一些政策性文件，操作起来较有难度。

不仅如此，立法规定不系统，还导致相关内容之间存在冲突和矛盾。比如，在食品安全事件预警阶段，由谁来作为政府信息公开的主体就存在争议。《食品安全法》规定由国务院食品安全监督管理部门统一公布，对于影响范围有限的事件可由事件发生地的省、自治区、直辖市人民政府食品安全监督管理部门作为信息公开的主体；《突发事件应对法》则规定，对可以预警的自然灾害、事故灾难或者公共卫生事件，由县级以上地方各级人民政府发布三级、四级警报，对于一级、二级警报的发布主体没有加以明确。事实上，有关食品安全的预警信息可能涉及食品安全监管、卫生防疫、应急管理、农业等多个部门，依据《政府信息公开条例》，政府各部门都有权在自己的职权范围内主动公开相关信息。这一情况在事件处置阶段、事件善后阶段都存在。由此，在食品安全突发事件的不同阶段，到底应由一个部门进行公开，还是各部门对各自掌握的信息都有权进行公开就会发生争议，可能出现要么各自为政，要么相互推诿、来回扯皮的现象，明显不利于事件的妥善应对。

再比如，关于食品安全突发事件中政府信息公开的内容，在实践中也存在疑问。从应然层面分析，食品安全突发事件的三个阶段政府信息公开的目的不同，因此每个阶段所公开的信息内容也应有所区别，而现行法律规定的区分度并不高。依据《突发事件应对法》，在事件预警阶段应公布的信息内容包括可能受到突发事件危害的警告，宣传避免、减轻危害的常识，咨询电话，突发事件的预测信息和分析评估结果。在事件处置阶段应公布的信息包括突发事件的事态发展和应急处置工作信息。但对事件善后阶段应公布的信息却没有具体规定。《食品安全法》则是规定在事件处置阶段与善后阶段应对食品安全事故及处理情况等信息进行发布。而在各级政府编订实施的食品安全突发事件应急预案中，对于信息公开的内容往往是以笼统的词语进行概括，且不同地区对信息公开内容的规定也有差别。这就造成在信息公开的实际操作中，公开主体难以确定在哪个阶段该具体公开哪些内容，导致信息公开的内容不全面、不统一等，进而严重影响信息公开的效果。

4.3.2 立法内容存在空白

如前所述，食品安全突发事件中政府信息公开问题的规定散见于《食品安全法》《突发事件应对法》《政府信息公开条例》《食品安全法实施条例》《突发公共卫生事件应急条例》等法律法规及相关政策性文件中，缺乏专门的章节对信息公开的主体、内容、对象、时限、程序等诸要素进行系统性规定。这就导致立法中不可避免地存在一些空白，而这些漏洞则让政府食品安全监管部门及其他相关机构在公开食品安全突发事件政府信息的实践中可能找不到法律依据，甚至很多问题之处理还需依赖于领导指示或相关人员的工作经验来推进。这不仅易使政府信息公开工作陷入操作困境，而且可能导致公民的知情权得不到保障。因此有必要对立法空白进行剖析并有针对性地进行补充与完善。本书认为，我国食品安全突发事件中政府信息公开现行立法中存在的空白之处主要表现在以下五个方面。

就政府信息公开的主体来看，现有立法及规范性文件主要指向食品安全突发事件发生地的县级以上人民政府及食品安全监管部门。但是对于食品安全突发事件来讲，因其具有预警、处置、善后三个阶段，一方面，参与食品安全事件应对的主体涉及多个政府部门，除了食品安全监管部门，其他部门也掌握了大量相关信息，比如卫生防疫部门有关食品健康的信息，农业农村部门有关农产品生产运输的信息，仅仅赋予食品安全监管部门信息公开的职责是远远不够的。另一方面，每个阶段各部门掌握的信息内容有所不同，处置应对的能力也不同，在此情况下应当强调和突出相关部门的公开义务。比如，在食品安全突发事件的善后阶段，需要尽量消除事件所带来的恶劣影响，尽快恢复正常的社会秩序，尽可能避免类似事件再次发生。有关突发事件暴发的原因、影响范围、造成的损失结果、涉及人员的救助情况、各部门对事件的处置情况、对责任人员的追责措施等信息都应查明，且此时应当有单位对以上信息进行统一、准确、全面地公开。而现行立法却并未明确该阶段由哪一主体履行信息主动公开义务，由此导致实践中有些地方公布了相关信息，有些地方只公布了部分信息，有些地方则根本不公布任何信息，这严重影响了信息公开的效果。

就政府信息公开的内容来看，新修订的《政府信息公开条例》第5条明确规定了行政机关公开政府信息应当以公开为常态、以不公开为例外，因此食品安全突发事件中政府信息公开的范围应尽可能大。然而，我国现有法律法规及规范性文件在这方面存在大量空白，这使行政机关在公布突发事件信息时不知道该公开什么，哪些可以公开，哪些不能公开，进而可能致使有关部门向公众公开的信息不全面、各地区信息公开的标准不统一、信息公开的效果差。比如《食品安全法》规定信息公开的内容主要是食品安全事故概况及其处理情况，并需要对可能产生的危害加以解释、说明，但对于食品安全突发事件概况具体包含哪些内容，处理情况包括哪些措施等都没有进一步明确。再比如，《食品安全法》《突发事件应对法》《政府信息公开条例》等都对相关责任人员的法律责任作出了相关规定，然而这些立法却并未规定在食品安全突发事件善后阶段是否公开追责情况，以及公开的方式方法等内容。在实践操作中，对于食品安全突发事件中恣意散布谣言、捏造事实、干扰事件应对的违法犯罪分子，公安司法机关一般都会公布有关的处置情况，这对于震慑违法行为、维护公共秩序、有效应对突发事件发挥了积极的作用，对于事件责任人追究情况之公布也显得极为重要。同样的，在食品安全突发事件的善后阶段，立法对政府信息公开的内容还缺少了关键的一项，即在应急处置中有关部门各项物资及经费的使用情况，以及社会各界捐款、捐物的最终去向等。应当说，开支公开化有利于对行政机关日常工作的监督，同时也能增强政府行为的透明度，未来立法修改时应当要求公开这方面的信息。总体而言，对以上列举的这些应该信息公开内容的立法缺失表明：食品安全突发事件中政府信息公开的全面法治化还有很长的路要走。

就政府信息公开的时限来看，立法及相关政策性文件也没有明确的时间节点要求。《食品安全法》《突发事件应对法》《突发公共卫生事件应急条例》《国家重大食品安全事故应急预案》等只是提及了信息发布应该"及时"。《政府信息公开条例》中的政府信息形成或变更后的 20 个工作日的规定明显不能满足应对食品安全突发事件之需求。与此同时，在各地颁布的食品安全突发事件应急预案中，对于时限之规定主要体现在信息的报告与通报上，对信息发布的时限也未有明确的规定。本书认为，在食品安全突发事件的预警阶段，有权主体应当在获知信息后的第一时间对外发布，便于民众采取有效的应对措施；在事件的处置阶段，对于事件概况、政府采取的应对措施、公众的配合义务等信息有权主体也应在最短时间内公开，同时还要在第一时间回应民众诉求、澄清不实信息，进而加快事件之处置；在事件的善后阶段，信息发布也应重视时效性，应在调查及追责完成后的第一时间全面、完整地公开相关信息，消除事件造成的不良影响。目前，我国的相关立法缺乏信息发布时限的明确规定，这在实践中可能导致有权主体怠于行使职责或拖延履行公开义务，导致产生较为严重的不利后果和破坏性影响。

就政府信息公开的程序来看，《食品安全法》《突发事件应对法》《政府信息公开条例》《食品安全法实施条例》《突发公共卫生事件应急条例》等法律法规及相关政策性文件主要明确了相关单位的报告义务以及行政机关的内部报告程序，强调首报、通报、上报、终报的相关要求。比如，《食品安全法》第 103 条规定："发生食品安全事故的单位应当立即采取措施，防止事故扩大。事故单位和接收病人进行治疗的单位应当及时向事故发生地县级人民政府食品安全监督管理、卫生行政部门报告。县级以上人民政府农业行政等部门在日常监督管理中发现食品安全事故或者接到事故举报，应当立即向同级食品安全监督管理部门通报。发生食品安全事故，接到报告的县级人民政府食品安全监督管理部门应当按照应急预案的规定向本级人民政府和上级人民政府食品安全监督管理部门报告。县级人民政府和上级人民政府食品安全监督管理部门应当按照应急预案的规定上报……"第 104 条规定了医疗机构向当地卫生行政部门的报告义务，以及卫生行政部门向同级食品安全监督管理部门的通报职责。但对于事件预警阶段、处置阶段、善后阶段如何进行信息公开则缺乏明确、具体的规定。尽管《政府信息公开条例》有关于信息公开的程序性内容，但一方面这些内容比较简单，操作性不强，另一方面这些内容主要着眼于常态化的信息公开，对突发事件应对中的信息公开显然不能完全适用。因此，未来立法修改时，应当考虑在相关立法中详细规定食品安全突发事件中政府信息公开的方式、方法、步骤、顺序等内容，确保将公开的程序纳入法治化轨道。

就政府信息公开的救济来看，目前我国对于食品安全突发事件中政府信息公开救济的规定主要还是见于《行政复议法》《行政诉讼法》及《政府信息公开条例》中，未有专门的法律法规进行细化规定。因此，公民在认为自己的知情权受到侵害时可以依据《政府信息公开条例》采取以下几种方式进行救济。第一，向负责政府信息公开的行政机关申请公开；第二，对负责政府信息公开的行政机关提起行政复议；第三，向人民法院提起行政诉讼。然而，应该看到，食品安全突发事件中政府信息公开的救济有其特殊性，如果完全照搬常态下的救济手段或救济内容，必然存在难以适用的尴尬境遇，因此，有必要在救济程序上创设新的制度加以规定。

4.3.3　立法规定操作性差

我国现行有关食品安全突发事件中政府信息公开的立法层级不高，缺乏系统性，且在信息公开的主体、内容、时限、程序等方面存在空白，这都深刻影响着现有法律规定在实践中的操作性。

首先，现行立法条文中对一些主要概念的界定较为笼统、模糊，不能很好地解决实务中遇到的各类纷繁复杂的现实问题。比如从政府信息公开的内容看，立法常常以"突发事件事态发展情况""应急处置工作的信息""事故调查处理信息"等词语予以概括，但对于这些信息具体应包含哪些内容却缺乏详细说明。即便在国家食品安全突发事件应急预案等政策性文件中，对这类词语所包含的具体内容也没有统一、细化的具体规定。再比如，在不予公开的政府信息内容中，何为"国家秘密"，往往需要再依据《中华人民共和国保守国家秘密法》进行进一步的判定；至于何为"商业秘密""个人隐私"，则需要行政机关工作人员在实践中依据不同的情况进一步裁量确定。这样模糊的用语可能导致不同区域、不同部门、不同层级工作人员由于对其理解不同而致使最终公开的信息不全面、不统一，影响政府信息公开的效果，不利于有效应对各类食品安全突发事件。

其次，有关食品安全突发事件中政府信息公开的规定过于琐碎，散见于不同层级的各类法律法规及规范性文件中，导致适用极为不便。行政机关工作人员查询信息公开的法律依据时要翻阅多部文件，并需要占用大量时间对相关概念及内容进行筛选，这在很大程度上影响着信息公开的效率。比如，对于信息公开的主体，现行立法未直接明确规定，加之食品安全突发事件自身发展又存在三个不同阶段，三个阶段对信息公开主体的要求也有区别，这常常会引发主体确定上的争议，在实际工作中容易产生权责不清、相互推诿的情况。当然，立法规定不系统、不完整，也对民众学习、掌握立法规定，进而利用法律维护自身合法权益形成了阻碍，不利于公众知情权的充分行使。

再次，立法规定存在空白也影响着实务中政府信息公开的正常运行。在全面推进依法治国的背景下，行政机关应当依法行政、建设法治政府，而这又必须以"有法可依"为前提。如前所述，现行立法对食品安全突发事件中政府信息公开的程序缺乏明确规定，事件发生后，有关单位只能依据立法规定及本地区的应急预案将相关情况按程序逐级上报、通报，以此来保证在最短时间内掌握信息并据此安排部署应急处置工作。但对于食品安全突发事件在不同阶段需要依据哪些程序收集、整理、审查相关信息却找不到操作依据，至于信息对外公开的方式、方法、步骤、顺序等也没有明确的立法规定，这无形中会导致行政机关及其工作人员拥有过大的自由裁量权，很难保证信息公开的及时性、全面性、真实性。又如，现行立法对于食品安全突发事件在各阶段进行信息公平的时限也没有明确规定，相关立法及规范性文件仅要求行政机关"及时"公开信息，但"及时"这一用语本身存在极大的模糊性，不仅会导致操作上的不确定性，而且会引发事后追责的不可控性。

最后，食品安全突发事件中政府信息公开所依据的立法大多属于行政法规、地方性法规或者其他行政规范性文件，不仅数量较多而且位阶等级不高，权威性也不足，这也成为影响实务操作效果的不利因素。从依法行政、建设法治政府的角度出发，从我国单一制国家的国情出发，我们应当在充分总结实践经验，借鉴域外立法有益因素的基础上，提升现有立法等级，充实有关食品安全突发事件中政府信息公开的立法内容，确保立法具有更强的操作性和便捷性。

第五章　我国食品安全突发事件中政府信息公开的实践图景

著名经济学家张五常曾言："若要用理论解释世界，首先要知道世界是怎样的。"① 对于社会科学研究而言，就是要将研究建立在对客观世界实际情况真实把握的基础上。本书前文在理论层面提出了食品安全突发事件中政府信息公开的压力型模式与回应型模式，并对现行立法文本的主要内容进行了阐述，但理论形态的行为模式在实际生活中是否真的存在，立法文本之规定在实务操作中呈现出怎样的基本面貌，还需要对实践进行考察。本章中，我们将在简要介绍实证分析思路的基础上，通过对调查问卷、走访座谈获取的第一手数据与媒体报道的案例进行整理、归纳，以期客观再现我国食品安全突发事件中政府信息公开的真实图景。

5.1　实践图景的分析路径

根据前文对政府信息公开研究现状的检视可知，国内外对食品安全突发事件中政府信息公开的实证研究较为缺乏，现存的实证研究成果要么偏向政府信息公开诉讼，要么偏向一般性突发事件的解决，无法为我国食品安全突发事件中政府信息公开实证研究提供明确的研究方向，只能通过检索大量相关文献寻找线索。文献研究的结果表明，政治生态环境的变化，会让政府因承受不同压力而产生不同的行为意愿，进而影响政府行为的状态，由此推测，政府信息公开会有多种不同的行为模式。理论层面描述的行为模式与现实的

---

① 张五常：《五常经济学》，中信出版社 2010 年版，第166页。

匹配情况到底如何，则需依靠大量的实证数据或案例来进行验证。这既构成实证分析的动因，同时也表明了该环节的主要任务是验证此前的假设。此处的实证分析是对社会现象、行为或活动及其发展趋势进行的客观描述，了解政府信息公开在食品安全突发事件中的具体表现，把握其发展演进规律，进而对政府信息公开实践做出明确的定位。

在进行实践现状描述时，首先采用的方法是案例分析法，即通过案情展示、过程描述、结果分析并辅之必要的逻辑推理，从定性层面再现政府信息公开在食品安全突发事件中的真实运作图景，考察前文理论层面的模式分析与实践的对应情况。案例分析面临的主要质疑在于，其只是个别时间节点出现的个别事例，具有特殊性和不可复制性，并不能完整地表现政府信息公开运行的整体情况。为此，我们还使用了问卷调查的方法，将案例分析得出的初步结论，转化为可计量的指标，将这些指标以问卷方式面向社会，借助民众对各项指标的评价得出完整的分析结论。问卷调查的对象是所有普通民众，即政府信息公开的亲历者和参与者，他们的评价其实是从主观角度展现政府信息公开的实际效果。虽然在问卷调查过程中也会面临调查对象的主观臆测或者记忆偏差，但最终的分析是建立在大多数人的回答之上，因而结论的可信度较高。相较于某种单一方法而言，两种研究方法的使用可以初步实现优势互补，尽可能避免结论偏差。这种定量与定性、宏观与微观相结合的研究路径构成了本章的基本分析框架。

5.2　典型案例描述

信息公开事项自政府产生并行使权力之日起就已存在，但以服务公众、推动社会进步、满足公众知情权需求为目的的政府信息公开制度却是近现代以来才被提出和建立。如前已述，我国政府信息公开实践起步于 20 世纪 80 年代。1987 年党的十三大报告明确提出，要提高领导机关活动的开放程度，重大情况让人民知道，重大问题经人民讨论；要通过现代化的新闻和宣传工具，增强政务和党务活动的透明度，发挥舆论监督的作用。此时，政府信息公开才正式以政务公开的名义被提出。2008 年 5 月 1 日，由国务院常务会议通过的《政府信息公开条例》正式实施，这标志着我国政府信息公开制度的正式建立，开启了政府信息公开立法的第一步。在学理上，2008 年 5 月 1 日是个重要的时间节点，可以被视为我国政府信息公开实践的质变之时，而该节点之前就是量的积累的过程。

需要说明的是，本节的案例包含两部分，一部分属于近年来在全国范围内有重大影响的食品安全突发事件，相关信息主要来源于政府网站与媒体曝光。政府网站主要包括中央政府、地方各级政府及所属部门的官方网站、微博、微信公众号等，这些网站作为行政机关对外发布信息的窗口，权威性和正统性毋庸置疑，但也可能存在偏于发布正向信息的缺憾，且一般极少涉及事件的详细描述；媒体报道既包括官方或半官方的新华网、人民网、央视网等的内容，也包括商业性网站如搜狐网、新浪网、网易网等的内容。特别重要的是，媒体报道一般具有查询历史版本的功能，可以从相关数据库中获取历史信息。媒体报道相对来说具有更强的及时性与多样性，不足之处在于内容较为分散、没有进行归类，需要花大量的时间进行整理归类。除此之外，笔者还额外增加了信息来源的渠道，对于比较久远的事例，还借助相关部门查阅了年鉴资料，同时也从早期的研究文献中获取第二手资料。另外一部分案例则是作者收集的近年来现实生活中发生的食品安全突发事件，属于实证调研中的第一手资料。尽管作者已通过复制卷宗、个别访谈、集体座谈，乃至实地勘察等方式尽量地获取最为翔实的信息，进而将案例完整地再现，但受制于各种主客观因素，案例信息的汇集想必仍会存有遗漏，案例描述不免存在一定程度的偏差，进而案例之分析结论也有一定的片面性。但无论如何，只要这些案例本身是真实的，其反映的问题具有客观性，则研究结论应具有不容小觑的参考价值与借鉴意义。

5.2.1 上海甲肝流行事件

20 世纪 80 年代以来，随着我国工农业生产迅速发展和城市人口的迅速增加，工业三废、城市废弃物的大量排放，农业化肥、农药用量剧增，许多有毒、有害物质渗入土壤中，使土壤中农药及药物残留严重，饮用水中含菌量高、重金属含量高等，[①] 不可避免地导致食品源头被污染，公众食用这些

---

① 唐明、赵静：《从福寿螺事件看我国食品安全问题》，载《中外企业文化》2007 年第 8 期。

受污染的食品后会对身体健康造成损害，从而引发食品安全事件。上海甲肝流行事件就是此类事件的典型，将其作为研究对象具有一定的代表性。此外，该事件发生在我国政府信息公开的起步时期，研究该事件中政府信息公开的状态，有利于把握这一时期政府信息公开的实际运行状况。

1988 年 1 月 19 日起，上海市民中突然发生大量不明原因引发的发热、呕吐、厌食、乏力和黄疸等症状的病例，截至 1988 年 3 月 18 日，共发生 292301 例，死亡 11 例，波及面广，涉及上海 12 个市区，呈现出突发性紧急疫情。根据流行病学调查分析，专家们认为该疫情属于甲型病毒性肝炎暴发，系市民食用受到甲肝病毒严重污染的毛蚶所引发。这一时期，我国对食品安全的监管主要从食品卫生角度展开，根据 1983 年颁布的《食品卫生法（试行)》（现已废止)，国务院卫生行政部门领导地方卫生防疫机构，共同承担起食品卫生监督工作，负责卫生许可和执业许可的审批、卫生监督执法检查的组织、检验结果的上报、卫生监督信息的搜集分析、违法处罚等工作，形成了以卫生行政部门为主的混合型食品安全监管体制。[1]

该事件虽然以病理形态命名，但引发事件的根源在于食品安全出现问题，本质上是一种病理性质的食品安全突发事件，涉及食品安全与疾病防控的交叉。该事件具体情况，如表 5 − 1 所示。

表 5 −1　上海甲肝流行事件经过

	时间	事件详情		
事件开始	1987 年 10 月至 12 月	江苏省启东县作业工人在疏浚河道时发现江底淤泥中有大量毛蚶，百姓闻讯后赶到江边挖野生毛蚶食用，并将其销往上海		
事件经过	1988 年 1 月初至 1 月中旬	1 月初，上海出现大批腹泻病人（约 10245 例）	政府反应	原上海市卫生局和工商局联合发文，禁止在上海销售毛蚶
				上海市教育委员会决定，各方协调配合共同采取措施，阻止毛蚶来沪批售

---

[1]　杨柳:《我国食品安全监管体系研究》，武汉大学 2015 年博士学位论文。

续表

	时间	事件详情		
事件经过	1988 年 1 月初至 1 月中旬	1 月中旬，上海出现 20 多例因食毛蚶而发生的甲肝病例	媒体反应	《解放日报》《新民晚报》报道了上海市民因食用从个体商贩中购买的毛蚶而中毒的情况
			公众反应	部分市民仍在购买毛蚶
	1988 年 1 月下旬至 2 月上旬	发病人数从每日 100 例增至每日几千例，日发病量最高达 19013 例	政府反应	上海市卫生防疫部门确定由毛蚶携带的甲型肝炎病毒导致甲肝流行 上海市委宣传部通过报纸专栏、影视广播和宣传手册等进行卫生宣传
			媒体反应	2 月 24 日《人民日报》在报道中传达卫生防疫司负责人观点：中型肝炎可预防易治愈
			公众反应	市民就事件的暴发对政府相关部门表示不满
	1988 年 2 月中下旬至 3 月	病例持续下降直至得到控制	政府反应	原卫生部召开新闻发布会，向社会公布事件有关数据信息
			媒体反应	《人民日报》就原卫生部发布的信息进行详细报道
			公众反应	引起上海周边地区公众疑虑和恐慌，各地毛蚶交易基本停滞
事件结果	1988 年 7 月	上海市政府发布信息：本次甲肝流行事件的发病人数为 31 万，死亡病例 332 例		

对上述内容进行分析可以发现，受食品安全监管形态的影响，此时期负责处理食品安全突发事件的主体主要是政府卫生行政部门。以事件的影响程度作为依据，整个事件过程大体可分为三个阶段。

第一阶段为 1988 年 1 月初至 1 月中旬，此时少部分甲肝病例患者出现，事件处于可控制的范围。政府主要措施集中在禁止毛蚶销售，尚未向社会公布有关事件的信息。第二阶段为 1988 年 1 月下旬至 2 月上旬，此时甲肝病例激增，事件影响范围扩大。政府的应对措施包含对外进行信息公开，公开的内容主要是与疫情防治相关的知识，公开的方式包括印发宣传资料、摄制和播放卫生科普电视片、在公共场所宣讲、开设报纸专栏等。第三阶段为1988年2月中下旬至3月中上旬，此时疫情得到缓解和控制，政府的后续措施是以新闻发布会的形式，向社会公布事件的相关统计数据。

此事件被称为上海甲肝流行事件，从事件的名称可以看出，该事件的定性为突发性传染病事件。实际上，受当时食品安全监管体制的影响，该事件的应对方向主要在对甲肝病毒的防控上。参与事件应对的政府部门有：原卫生部、上海市政府及下属的卫生、工商、教育、交通、财政、公安等部门，以及上海市委宣传部。但真正将信息向公众公开的政府部门主要是上海的市区两级卫生教育部门以及卫生部。就整个事件来看，政府向公众传达信息主要是通过上海电视台、上海广播电台及《新民晚报》《文汇报》《解放日报》等纸质媒体。

从信息传递的角度看，政府内部信息流动涉及的内容为下级部门向上级部门汇报疫情情况，以及上级就事件向下级传达的政策指示和应对命令。政府直接向公众公开的信息主要涉及两个方面：一是为了防止疫情扩散，消除公众内心恐慌而向公众宣传的关于传染病防护的知识；二是为完善阶段性工作，就此次事件所作的总结性报告。政府公开信息的渠道包括了印发宣传资料、摄制和播放卫生科普电视片、在公共场所宣讲、开设报纸专栏、召开新闻发布会等。印发宣传资料、摄制和播放卫生科普电视片以及在公共场所宣讲，主要作用是为公众提供卫生知识，帮助公众及时了解及应对疫情；报纸专栏中的内容比较全面地反映了有关疫情的信息，以及政府在疫情防治期间所采取的重要行动；新闻发布会只在事件应对进入尾声后，向公众作有关事件的情况总结。从政府信息公开的时间来看，政府向公众宣传疫情防护知识是从1988年2月上旬开始的，此时甲肝日发病量已达到最高峰值；政府全面、系统地向公众告知事件真实情况的时间为1988年3月22日，此时疫情已经基本得到控制，突发事件应对工作进入了收尾阶段。

从上海甲肝流行事件发展的整个流程看，政府信息公开滞后于事件发展进程。关于事件的零星报道，以承载事件预防信息和宣传政府应对措施为主，舆论监督的情况极为少见；在当年的时代背景下，公众除了依赖传统媒体获取信息，几乎没有其他方式了解事件的基本情况，也缺乏能充分表达意见的途径。此时，事件信息以何种形式公开、公开什么、何时公开完全由政府单方决定。这种状态反映出单一主体对信息的绝对控制，导致信息公开内容的片面化。除了政府最终公布的统计数据，以及平时宣传的疫情防疫知识以外，其他方面的信息，如事件的前期预警、事件的定性、事件在每一阶段的情况以及防治的效果、事件造成的最终危害等，公众难以获知。政府信息公开方式较为丰富，但以单方面的宣传为主，信息呈单向流动。以上情况表明，此时我国食品安全突发事件中政府信息公开运行实践表现为典型的压力型模式。

5.2.2 河北三鹿奶粉事件

2008 年 3 月 15 日，党的十一届全国人大一次会议审议通过关于国务院机构改革方案的决定，对食品安全领域监管体制进行大幅度改革，形成由卫生部负责食品安全综合协调与食品安全重大事故的查处，由农业部、国家质量监督检验检疫总局、国家工商行政管理总局、国家食品药品监督管理局分段监管的格局。具体而言，食品安全监管职责由中央、省、地（市）及县级政府共同负责。卫生部承担食品安全综合协调、组织查处食品安全重大事故的责任；农业部负责农产品生产环节的监管；国家质量监督检验检疫总局负责食品生产加工环节和进出口食品安全的监管；国家工商行政管理总局负责食品流通环节的监管；国家食品药品监督管理局负责餐饮业、食堂等消费环节的食品安全监管。中央政府以下，由各省、市、县地方政府的食品安全监管机构负责向上级对口部门汇报工作。整体而言，各部门分段监管虽然有利于发挥专业优势，但也意味着不同部门掌握不同环节的信息，从而影响政府内部信息的整合与对外公开。同年 5 月 1 日，《政府信息公开条例》正式实施，它将信息公开明确为各级政府及其所属部门的法定义务。由此出发，发生重大突发事件后，及时发布真实信息，既是防止事态恶化的重要应对措施，也是政府依法行政所必须履行的职责。

在此背景下，我国发生了令人震惊的三鹿奶粉事件，进而引发公众对食品安全问题的高度重视。2008 年 9 月 8 日，甘肃《兰州晨报》报道，甘肃岷县发现有 14 名婴儿同时患有肾结石病症，疑似因长期食用同一品牌的奶粉所致，由此引发社会各界关注；9 月 11 日，媒体披露，三鹿奶粉为该事件的始作俑者。此后，该事件不断发酵，截至 2008 年 12 月 2 日，全国累计报告因食用问题奶粉导致泌尿系统出现异常的患儿共 29.40 万人，累计住院患儿有52019 人，累计收治重症患儿 154 人。这是继雀巢奶粉碘超标事件和安徽阜阳劣质奶粉事件之后，发生在婴幼儿奶粉领域的又一重大食品安全突发事件，影响范围涵盖北京、广东、河北、甘肃等十几个省市，对以乳制品为代表的食品行业产生了极大影响。该事件的具体经过，如表 5-2 所示。

表 5-2　三鹿奶粉事件经过

	时间	事件详情		
事件开始	2007 年 12 月	国内部分婴幼儿因食用三鹿集团生产的婴幼儿系列奶粉后尿液中出现红色沉淀物等症状。三鹿集团收到消费者投诉后，未进行妥善处理		
事件经过	2008 年 3 月至 9 月 7 日	甘肃、江苏等地陆续出现婴幼儿肾结石病例。三鹿集团将其生产的 16 批次婴幼儿系列奶粉送检，发现其中含有三聚氰胺	政府反应	国家质量监督检验检疫总局屏蔽网站投诉信息
				甘肃省卫生厅收到有关婴儿患肾结石病例的报告后立即向省委省政府汇报
				石家庄市政府向河北省政府汇报三鹿奶粉导致婴儿出现肾结石病症的情况
			媒体反应	尚无国内媒体公开报道
			公众反应	消费者在网络上发出揭露三鹿的帖子
				消费者到国家质量监督检验检疫总局网站留言和投诉

续表

	时间	事件详情		
事件经过	2008 年 9 月 8 日至 14 日	9 月 8 日，甘肃岷县 14 名婴儿同时患有肾结石病症。此后，江苏、陕西、河北、上海等相继通报病例	政府反应	9 月 11 日卫生部通报三鹿婴幼儿配方奶粉受到三聚氰胺污染的调查结果
				9 月 12 日石家庄市政府宣布，三鹿婴幼儿"问题奶粉"为不法分子在原奶收购过程中添加了三聚氰胺所致
				9 月 13 日国务院新闻办公室召开新闻发布会，并对三鹿婴幼儿奶粉事件做出六项决定
				9 月 14 日河北省政府对外通报事故中的犯罪嫌疑人被刑拘的情况
			媒体反应	9 月 8 日《兰州晨报》以隐去奶粉品牌的方式，首次报道毒奶粉事件
				9 月 11 日《东方早报》刊登"甘肃 14 名婴儿疑喝'三鹿'奶粉致肾病"一文
				9 月 12 日新华社等国内主流媒体纷纷开辟专栏、专版追踪报道毒奶粉事件
			公众反应	网友对问题奶粉展开人肉搜索，纷纷表达对三鹿公司的强烈不满
	2008 年 9 月 15 日至 10 月	石家庄三鹿集团股份有限公司向因食用三鹿婴幼儿配方奶粉导致患病的患儿及家属道歉；没有再发生死亡病例，出院人数已大于入院人数，重症患儿明显减少，已有一批患儿经过救治恢复健康	政府反应	9 月 16 日河北省政府召开新闻发布会，通报事件调查进展情况；国家质量监督检验检疫总局公布婴幼儿配方奶粉三聚氰胺阶段性专项检查的结果
				9 月 17 日国家认监委对石家庄三鹿集团股份有限公司做出处理决定

续表

	时间	事件详情		
事件经过	2008年9月15日至10月	石家庄三鹿集团股份有限公司向因食用三鹿婴幼儿配方奶粉导致患病的患儿及家属道歉；没有再发生死亡病例，出院人数已大于入院人数，重症患儿明显减少，已有一批患儿经过救治恢复健康	政府反应	9月18日中国疾病预防控制中心印发公众咨询指南
				9月21日官方公布统计数据，全国因食用含三聚氰胺的奶粉导致住院的婴幼儿1万余人，其中4例患儿死亡
				9月22日国家质量监督检验检疫总局就"乳制品安全相关问题"答复网友提问
			媒体反应	9月19日人民网发布人民时评：《从三鹿奶粉事件谈责任的承担》《从三鹿奶粉事件谈政府"危机预防"》等
			公众反应	网友纷纷撰文表达对事件的震惊，对相关政府部门监管不力的不满，同时表达了对我国乳制品乃至食品安全问题的高度关注
事件结果	2008年11月27日	三鹿婴幼儿奶粉事件中涉及的2238.4万名婴幼儿入院筛查，累计住院患儿共5.19万人，收治重症患儿154例，死亡11例		

在三鹿奶粉事件中，进行政府信息公开的主体有：国务院、国家质量监督检验检疫总局、卫生部、河北省政府、河北省公安厅、石家庄市政府以及甘肃省卫生厅。就整个事件而言，各级政府的主要作用是主导重大决策的制定和发布，汇总管辖范围内有关事件的信息；各级卫生部门作为事件调查的牵头单位，同时也是信息公开的主要职能部门。媒体报道主要推动了事件的及时曝光；公众在事件中的参与主要是通过网络舆论形成了对政府各部门以及媒体的巨大压力。

从政府信息公开的内容来看，2007年12月至2008年8月这段时间，政府一直没有主动进行信息公开，对民众的投诉和举报不仅没有回应，而且还屏蔽了相关信息。直到 2008 年 9 月 11 日，国家质量监督检验检疫总局、卫生部及其他相关部门开始介入，对事件进行调查，才有第一条正式公开的信息，内容为卫生部通过官方网站向公众发出的三鹿奶粉受污染的通告。在此之后，政府信息公开的内容主要体现为事件的定性、产品检测、病情通报、对患儿家庭的救治补偿、针对谣言的事实陈述等方面。从公众反应来看，这些信息在一定程度上降低了公众内心的恐慌。2008 年 9 月 21 日，各地上报病例统计信息，政府工作进入收尾期，此时主要是向公众公开对相关负责人追责的信息，以及政府相应的调整措施。例如，2008 年 10 月，时任国务院总理温家宝签署国务院令，公布了《乳品质量安全监督管理条例》，这是在总结反思此次事件经验教训后采取的重要举措。

进行上述内容公开，政府运用了新闻发布会、官方网站、电话服务热线等官方渠道对外发布信息。从事件的暴发到平息，政府面向公众召开的新闻发布会共计有四次。除此之外，政府官方网站承担了绝大多数的信息公开，电话服务热线也在一定程度上满足了公众健康咨询的需要。除官方渠道以外，政府还借助新闻媒体进行了相关信息的公开。

在漫长的事件周期中，绝大多数时间政府信息公开处于空白状态。信息的公开主要在事件暴发及平息阶段，呈现出极为被动的特点。2008 年 9 月 11 日 20 时 50 分，卫生部通过官网发布事件的有关预警信息，为政府的第一次信息公开。在此之前，9 月 8 日甘肃《兰州晨报》就以隐去奶粉品牌的方式报道了毒奶粉事件，政府信息公开比媒体的消息披露时间延后了 3 天。政府的第二次信息公开，是在 9 月 12 日 16 时 50 分，两次信息公开的时间差为 20 小时。此外，在事件的集中处理阶段，官方网站平均每天都有事件的相关信息。

从整个政府信息公开要素呈现的状态来看，政府仍然对信息公开起着绝对主导作用，相关信息仍然被政府所垄断。在媒体披露三鹿奶粉事件之前，政府已经从消费者投诉以及各地医院上报的病例情况中掌握了三鹿问题奶粉的信息，但是并没有第一时间对外公开，从而导致事件暴发前的几个月，虽然各地已出现婴儿患"肾结石"的病例，但公众仍然对该事件一无所知。之后的公开，是在事件被媒体披露并引发公众广泛讨论后，政府才被迫于三天后发声。除此之外，政府主导信息公开还体现在公开的程序依旧为政府意志单方决定。第一条信息公开的内容是对事件做出预判和预警，而此前相关媒体已经披露了事件的情况，政府的信息公开其实是建立在公众已获知相关信息的基础上，滞后性特点明显，未能及时回应公众之需求。在渠道的使用上，新闻发布会和官方网站公开的信息占据了绝大多数；新闻发布会面向的主要是新闻媒体人员，普通社会公众只能通过电视、报纸、网络获取相关信息。一般而言，政府官方网站的受众面很狭窄，除非特定行业的群众，一般人很少主动从官方网站获取信息。因此，以上信息公开方式都有一个共同点，那就是体现政府的权威性，便于政府对信息公开的掌控，本质上是基于便利行政权行使角度来开展工作。

与 2008 年之前的政府信息公开相比，此阶段的政府信息公开虽然政府主导特点依旧明显，但有所不同的是，主导性有所减弱。这主要体现在该阶段留有其他主体参与的空间。一方面，随着网络新媒体的兴起，政府与媒体之关系不再是完全的控制与被控制的关系，政府开始借助媒体扩大信息公开的影响力。例如，在该阶段，各媒体对政府公开或通报的信息进行转载或报道。另一方面，政府已不再能完全忽视公众的意见，特别是事件全面暴发后，信息公开的内容开始涉及对谣言进行回应，满足公众对事实真相的需求。此外，还体现在政府服务热线的开通，电话服务热线能够突破时间与空间限制，使得信息传播加快，电话不仅能够实现政府信息向外公开，而且还可以实现政府对信息的实时收集，便于掌握民众的需求并进行回应。总体来看，此阶段政府信息公开是压力型模式开始趋于减弱的运行形态。

5.2.3　成都七中实验学校事件

2019 年成都七中实验学校事件发生之时，正值全国"两会"召开之际，与食品安全有关的话题在"两会"中被多次提及，例如，全国政协委员刘延云在《关于积极引导多方协作以落实校园食品安全保障工作的提案》中，要求引导学校食堂在相关规定基础上，建立食品安全突发事件应急预案机制。[①]
在此背景下，成都七中实验学校事件受到社会的广泛关注，引起了地方政府
的高度重视。这一年，也是互联网诞生 50 周年，信息技术与数字技术对社会
的影响日益深刻，我国也进入了全民"移动互联"的时代，网络媒体与自媒
体成为民众获取信息的第一渠道。2019 年 1 月 25 日，习近平总书记在中共
中央政治局集体学习时指出，全媒体将导致舆论生态、媒体格局、传播方式
发生深刻变化。[②] 门户网站、微博、微信、短视频等新媒体不仅改变着社会
舆论环境，也日益改变着政府信息公开的方式，增加了信息公开渠道的多元
性、内容及时性以及方式上的互动性。本质上看，成都七中实验学校事件是
由于社会食品安全矛盾积累到一定程度所引发，但其过程受到网络信息传播
环境的深刻影响。

2019 年 3 月 12 日下午 5 时，成都七中实验中学小学部有家长发微博称该
校食堂食品出现质量问题，食物有发霉过期的现象。相关信息迅速在该校家
长微信群、朋友圈热转，引发学生家长在校内外聚集。次日 11 时，百余名家
长前往成都市温江区光华大道凤凰北大街路口实施堵路行为，拦停正常行驶
的车辆，阻断交通。在网络的助推下，该事件引起社会各界的广泛关注。该
事件是继山东海阳英才实验学校食品事件、江西万安营养餐变质事件之后，
发生在校园领域的又一食品安全突发事件。该事件的具体情况，如表 5 – 3
所示。

表 5 – 3　成都七中实验学校食品安全事件经过

	时间	事件详情
事件开始	2019 年 3 月 10 日	成都七中实验小学部四年级 1 班 6 名学生家长送学生返校后，向学校反映学生在 3 月 8 日下午出现肠胃不适的情况

---

① 青少年犯罪问题期刊编辑部：《两会重点关注青少年健康成长》，载《青少年犯罪问题》2019 年
第 2 期。
② 习近平：《推动媒体融合向纵深发展　巩固全党全国人民共同思想基础》，载《中国广播》2019
年第 2 期。

续表

	时间	事件详情		
事件经过	2019 年 3 月 12 日	学校工作人员在事情处理过程中与家长发生冲突	政府反应	当日 15 时 30 分，温江区市场监管局、区教育局第一批工作人员到达现场展开工作
				当日 21 时，温江区市场监管局、教育局、区公安分局领导带领工作人员到达现场与家长沟通
			媒体反应	众多自媒体当日通过图片、视频及文字的方式对事件进行了报道
			公众反应	当日 23 时 28 分，网友在微博曝光学校食堂图片，同时@人民日报评论、央广网等中央新闻媒体
	2019 年 3 月 13 日	部分学生家长在温江区主干道路口实施堵路，拦停正常行驶的车辆，与此同时，网上各种谣言开始流传	政府反应	当日 3 时许，温江区政府首次发布通报，承认发生了部分学生家长反映食品问题的突发事件
				当日 7 时 41 分，温江区政府发布第二次通报，强调相关部门已到校开展调查工作
				当日 20 时 49 分，成都市委市政府召开成都七中实验学校食品安全专题会，并在政府网站发布了该消息
				当日 22 时 51 分，温江区公安分局微博"平安温江"发布维权家长围堵路段及公安局的处理情况
			媒体反应	当日 10 时许，疑似学生家长拍摄的食堂操作间的照片和视频被众多网络媒体转载
				当日 13 时，众多网络媒体客户端对政府的情况通报信息进行转发
			公众反应	众多网友关注这起食品安全事件的进展，并呼吁严惩涉事人员，也有网友质疑当地官方的处置将"维稳"工作泛政治化

续表

	时间	事件详情		
事件经过	2019 年 3 月 14 至 16 日	学生家长围堵道路得以解决，但网上关于"成都七中实验学校正在开新闻发布会，参会家长都是假家长"等的谣言大量传播	政府反应	3 月 14 日，政府通过官方微博、微信对流传甚广的谣言进行澄清
				3 月 15 日，温江区市场监管局官方微博发布第一批食品检测结果
			媒体反应	3 月 14 日 10 时，《中国经营报》等媒体刊文对成都七中实验学校食堂承包商背后的利益链进行关注
				3 月 14 日 19 时，四川在线等多家媒体转载政府官方微博澄清谣言的信息
			公众反应	网民继续呼吁对事件责任人及监管失守的责任人进行严厉问责，同时部分网民对温江区政府第六次通报结果表示质疑
	2019 年 3 月 17 至 18 日	政府发布事件调查结果，事件基本得到平息	政府反应	3 月 17 日 10 时，成都市联合调查组举行新闻发布会，通报网传的"霉变"食材图片、视频系伪造
				3 月 17 日 17 时，成都市政府官方微博发布信息，详细梳理了事件时间线
				3 月 18 日 19 时，温江区市场监管局官方微博发布第二批食品检测结果
			媒体反应	3 月 17 日 10 时，中央媒体、各网络媒体及大量自媒体均在第一时间登载了成都市联合调查组的调查情况；人民网发表评论文章称：这些信息和案例，虽然晚到了一点时间，但却是真相大白的"定音鼓"
			公众反应	多数网民理性地接受了政府的调查结论
事件结果	2019 年 3 月 18 日	一起由摆拍、谣言引发的，经由网络媒介传播、渲染，给社会秩序造成较大不良影响的校园食堂食品安全事件		

此次事件中，温江区人民政府新闻办公室、温江区市场监督管理局、温江区卫生健康局、成都市公安局温江区分局、成都市人民政府新闻办公室、四川省教育厅、国家市场监督管理总局等部门都参与了相关信息的公开，但此次事件主要的发声阵地却是温江区人民政府新闻办公室，其他部门就各自职责范围中的事项向社会公开。例如，成都市公安局温江区分局的一次独立发声，是针对百余人围堵光华大道凤凰北大街路口的行为，发布其出警情况及处罚说明。温江区卫生健康局主要向社会说明人体健康检查情况以及食品检查结果。

从政府信息公开的内容来看，3月10日至3月12日这段时间，虽然已有家长反映孩子就读的成都七中实验小学食堂有过期、发霉变质的食品，温江区市场监管局两次接到群众的投诉，但政府并没有就事件开展调查，并向公众公开关于事件的消息。政府的信息公开集中在3月12日至3月17日，在该阶段的前期，公布了市场监管部门对问题食材的检查行动以及教育局对公众意见的收集。在后期，政府主要公布了公安局对围堵事件的处置、涉事食材的检查结果、学生的体检结果等信息。3月17日之后，事件逐渐从公众视野中淡出，预示着事件的解决进入尾声，此时由成都市联合调查组举行新闻发布会，出面通报成都七中实验学校食堂事件的最新调查结果，详细公布事件的调查处置结果。后续政府也通过官方微博发文，对事件的经验教训进行总结。

进行上述内容的公开，政府不仅利用报纸、电视、新闻发布会等传统渠道进行信息的公开，以微博、微信为代表的新媒体渠道，在此次事件的公开中发挥了重要作用。温江区人民政府的官方微博"金温江"，累计发布信息12次。成都市人民政府官方微博"成都发布"，累计发布信息26次。相关政府微信公众号，如"蓉平""四川教育发布"也承担了相关消息发布职责。与此同时，平时作为政府信息公开重要渠道的门户网站，在此次事件中并没有被充分利用。仅国家市场监管总局通过门户网站发声，要求四川省市场监管部门迅速开展调查，依法严肃查处违法违规行为。四川省教育厅在其官方网站称，将立即派出工作组前往调查核实，同时要求各市（州）教育行政部门对所有学校食堂原材料供应等环节进行排查。

从政府信息公开的时限来看，政府信息公开仍然集中在事件暴发后至事件平息前的一段时间。温江区政府在官方微博首次承认成都七中实验小学食品问题事件，并通报政府相关行动，这是在家长朋友圈发文爆料食堂食物存在严重质量问题后的 10 小时。其紧接着在第二天上午 7 时 41 分发布第二次通报，与上一次相隔近 5 个小时。从 3 月 13 日开始，鉴于网络上相关信息真假难辨、事件影响日益扩大，市区两级政府及相关部门基本每天都通过不同渠道公布事件相关信息，此后随着事件逐渐平息，政府信息公开的时间间隔越来越大，频次也相应减少。

相较于之前政府信息公开所呈现的状态，此次事件中政府信息公开最大的不同在于，政府开始在一定程度上回应公众需求。不仅回应的时间周期较短、频率较高，而且多次针对网上谣言进行解释、说明。在该事件中，不容忽视的变化是，网上的谣言加剧了群体性冲突的危害程度，政府部门耗费了较多精力在辟谣上。此外，随着智能手机的普及，移动互联成为民众获取信息最快的方式，政府通过运用微博、微信等新媒体，不仅扩大了信息公开的受众范围，也在一定程度上便利了公众。从效用来看，政府部门利用微博、微信可以不受时间或空间限制地发布信息，并且能够及时从评论中收集公众的反馈意见，加快了后续工作的处置，产生了良好的效果。

即使如此，本事件中信息公开仍然呈现出政府主导和强力控制的基本特点。在事件暴发前，相关行政机关已经接收到学生家长关于该事件的投诉信息，但并未及时予以公开回应，传统媒体与新媒体在该时间段内也基本处于信息空白的状态。在自媒体曝光了该事件后，鉴于影响群体的敏感性和特殊性，事件才迅速发酵并引发政府的高度重视。无论政府部门对民众需求的回应情况如何，此次事件中被公开的信息仍然是政府应急处理的相关信息，包含市场监管机关对涉事食堂的检查封存、检疫检验机关对食品的抽检鉴定、教育主管部门对公众意见的收集、公安部门对围堵事件的处理等。之所以如此，主要原因在于政府仍然习惯于从自身应对危机的角度出发选择公开信息，并非考虑在事件不同阶段，公众获取信息的不同需求。因此，无论在渠道方式上政府的选择如何，政府对信息公开的认识深度和认知厚度，决定了选择微博、微信等便捷方式仍是出于尽快平息突发事件的考量而被迫采取的行动。

从总体上看，该事件中政府信息公开的运行形态有了一定转变，开始从压力型模式向回应型模式迈进。

5.2.4　L市某幼儿园食品安全事件

2016年12月16日，位于S省中部的L市（地级市）某公立幼儿园部分幼儿集体出现呕吐、腹痛的症状。经核实，在第一例儿童呕吐症状出现后陆续共有29名幼儿出现了类似情况。有关部门进行了取样调查，查明本次事件的实际情况为：幼儿园一名腹痛儿童发生喷射性呕吐，幼儿园未及时做隔离处置，导致疾病蔓延，造成同班级儿童交叉感染，属于食源性细菌感染引起的幼儿急性肠胃炎。据了解，食源性细菌感染属于食品安全事件中常见的致病原因，常由于食用了保存不当、卫生不合格的食品。在学校食堂、单位食堂等集体就餐的大环境中，若食物保存、烹饪等流程处置不当很容易使细菌通过食物在人群中进行传播，进而导致群体性的食品安全突发事件发生。由于本次事件涉及人数较多且患者全为幼儿，因此引起了家长、市民、有关部门的高度重视。出于对幼儿的关心，许多家长情绪较为激动，迫切地想要了解事件相关情况。及时有效的信息公开能够安抚公众情绪，消除事件带来的不良影响，以下是对该事件中政府信息公开情况的一个梳理。

12月16日，在接到幼儿园的紧急报告后，L市食品药品监管局（现为市场监管局）执法人员对餐食进行了法定取样与调查，样本检测结果于21日下午取得，经综合判定有关部门对此次事件做出了最终定性。

12月16日晚，政府新闻办通过本地政府微博账号发布事件概况。

12月21日早上，有家长匿名到S省政府官方网站平台发帖，要求官方进行信息公开并说明事件原因。在事件最终定性结果出来后，政府新闻办工作人员在24小时内通过此官方平台对网友进行了回复，回复的信息包括事件的基本情况、患儿的处置情况、开展的处置工作、事件的调查原因、患儿的救治结果等。随后在12月22日，搜狐新闻、华龙新闻平台、L市食药部门官方公众平台、本地区的热门微信公众号等平台对事件调查结果进行了转载。

12月23日，S省食品网也对事件信息进行了发布。

在此案例中，我们发现政府在进行信息公开时存在以下几点问题。

第一，信息公开不及时。食品安全突发事件发生后，往往需要一定的时间查明事件原因。食品安全问题的致病因素颇多，从对样本的监测到确认结果有时需要数日，这往往导致政府部门公开信息具有滞后性。以这次幼儿集体呕吐事件来看，出于对幼儿之关心以及掌握信息的不对称，家长群体中蔓延着愤怒、焦虑、紧张等情绪，极易引发不稳定的群体性事件。在获取事件原因无果的情况下，很多家长选择在网络平台公开发帖，发出质疑、询问的声音，进而引发不明真相的群众的不满情绪，可能导致民众对政府公信力之质疑。据作者调研了解到的情况，该事件发生后，政府有关部门并非不作为或消极作为，而是积极地投入应急管理工作中，但在调查结果没有出来之前也无法对家长及公众公开有价值的事件信息。在食品安全事件尚未定性的情况下，由权威的政府机构及时对事件的应急工作情况、患儿的救治情况与救治结果等信息进行对外公开，并通过本地区公众平台，开通专门的互动区回应公众询问，是否能更好地起到消除公众质疑、缓解公众焦虑情绪，将事件可能带来的不良影响降至最低？

第二，政府信息公开内容不全面。笔者收集到了此次事件的最终调查报告，该报告对事件的基本情况、医疗救治情况、调查取证情况、专家研判定性情况、责任处理情况等进行了详尽的阐述。但是政府部门对外公开的信息，却只包含了事件的基本情况、医疗救治情况、事件的原因，缺乏对调查取证情况以及专家判定情况的说明，这可能会引起部分民众对事件调查过程及调查结果的真实性的质疑。此外，事件责任人处置情况也未对外公开，这不利于消除事件带来的不良影响，也不利于幼儿园教学秩序的恢复。据笔者调研了解，类似事件中对外公布哪些信息，政府部门没有统一的操作规程，存在较大的随意性和不确定性。由此可见，食品安全突发事件政府信息公开过程中，行政机关自由裁量的空间较大，具有典型的压力型模式的特点。针对这一问题，L市食品安全监管部门一位副局长在接受访谈时指出："现在的法律没有很明确地规定此类事件中政府信息公开的时间节点与公开的内容，所以在碰到这种情况的时候，我们不太清楚该在哪些时间公开哪些信息，只能根据以往的工作经验或者参考兄弟单位的操作惯例来决定。还有就是，现在有些法律规定写得太过笼统了，在实际操作过程中不太实用。比如对于信息公开的内容，有些信息如责任人员的处置，可能比较敏感，尺度把握不当会引发更多问题，这类信息到底需不需要对外公开，我们也是很纠结。"

第三，政府信息公开的方式过于单一。在该事件发生后，政府有关部门主要是通过 S 省政府官方网站对网友的发帖进行回复，并在之后通过网络新闻媒体与在本地区有较大影响力的微信公众号对事件情况进行公开。然而，此类方式依然过于单一，并不能保证本地区的大部分民众能及时有效地了解事件的应对情况。此外，虽然 L 市的食药监部门以及卫生行政部门都开通了官方微信公众号，然而在整个事件处置应对过程中，这些微信号的推送内容却以日常执法情况、科普内容、监管情况等为主，并没有对该起食品安全突发事件相关信息进行推送，这在移动互联时代明显不合时宜。笔者认为，对于发生在本地区的影响较大的食品安全事件的应对情况，行政机关的各类平台应积极发布相关信息，以保证本地民众能够便捷、高效地获取权威信息。除网络平台外，传统媒体如电视、广播也是本地区民众，特别是农村地区及年龄偏大、上网不便等的民众获取信息的重要途径，也应积极利用起来，实现信息覆盖对象尽可能广泛和全面。

5.2.5　Z 市野生蘑菇中毒事件

2019 年 3 月，G 省 Z 市（县级市）共集中出现了 3 起因民众随意采食野生蘑菇而中毒的食品安全突发事件。这三起事件起因皆是当地民众出于尝鲜的心理将剧毒的"致命白毒伞"蘑菇当作可食用的蘑菇误食所导致。每起事件都造成了数人食物中毒，其中患者轻则产生严重的腹泻、呕吐症状，重则因器官衰竭、抢救无效死亡。媒体披露的信息显示，"致命白毒伞"在 Z 市分布广泛且较为常见，其外形与日常可食用的蘑菇极为相似，很容易引起一般群众对其可否食用判断失误。这种蘑菇毒性巨大，50 克即可致一个成年人死亡，且其毒素对人体肝、肾、血管内壁细胞及中枢神经系统的损害极为严重，极易导致身体重要器官功能迅速衰竭，临床死亡率高达 95% 以上。因此，民众在误食这类剧毒野生菌后，往往发病较为迅速、症状较为严重，若抢救不及时极易导致死亡。此外，此种蘑菇往往在每年的3月到6月迅速生长，在城市绿化带、公园、空旷土地、农村房前屋后等地随处可见，因而被采摘后误食的可能性很大。通常情况下，家庭就餐具有群聚性，这就容易引发误食后多人致死、致残的严重后果。以上情况对Z市行政机关的应急管理工作提出了严峻的考验，而政府信息公开显然属于应急管理的重要一环：事前的预警信息能够有效地预防、减少事件之发生；处置期的信息公开能够保证信息沟通的顺畅，避免民众恐慌和谣言的传播；善后期的信息公开则有利于进一步消除事件影响，正常社会秩序的尽快恢复。

针对发生在Z市的野生蘑菇中毒事件，当地政府部门也采取措施对相关信息进行了公开，并取得了一定的积极效果，以下我们按时间顺序梳理了政府信息公开的基本情况，见表5-4的内容。

表5-4　Z市野生蘑菇中毒事件中的政府信息公开

事件暴发前	无相关预警信息的发布
3月3日	Z市A镇3人自采自食野生蘑菇中毒
3月4日	市食品安全委员会办公室（简称市食安办）编写野生蘑菇预警信息，通过食药部门官方微信公众号对外发布警示信息
3月6日	市食安办联合市广播电视台紧急拍摄、播出相关的预警性质的专题科普节目
3月10日	Z市B镇2人自采自食野生蘑菇中毒 Z市应急管理组成员单位在市区公园等挂宣传横幅、贴海报、树警示牌、发放宣传小册子 Z市所属媒体开展关于"采食野生蘑菇易引发中毒"的科普警示宣传。本地官方报纸及官方微博、微信等新媒体平台集中推送了科普及警示信息
3月13日	Z市食安办联合市应急管理局，依托市突发事件预警信息发布平台，启动公共卫生事件信息发布机制，通过移动、电信、联通三大运营商全网向Z市手机用户发送预警信息；同时通过电视广告、电台广告、本地报社、官方网站、微信朋友圈、公交和的士的LED屏幕、楼宇LED屏幕全面加强宣传，并发动镇区开展全媒体宣传，实现应急宣传全覆盖

4月2日	Z市C镇3人自采自食野生蘑菇中毒
4月6日	Z市食药部门官方公众号发布勿采食野生蘑菇、野生植物的风险预警信息 Z市食安办组织各镇区、相关部门通过报纸、电视台、网站和新媒体平台等多种途径再次进行全覆盖的科普宣传和警示教育
4月中下旬	Z市再次发生公民在自住小区绿化用地采食野生蘑菇中毒事件
5月中旬后	无相关信息的发布
12月10日	Z市开展以"采食野生蘑菇中毒"为主题的食品安全突发事件应急演练,模拟新闻发布的全过程,并通过食药部门官方公众号进行了直播

通过表5-4,可以发现此次食品安全事件中政府信息公开的基本情况:在事件预警阶段,并未进行相关预警与科普信息的发布。在事件处置阶段,政府信息公开主体主要是Z市食品安全委员会办公室;信息公开内容主要包括此次误食毒蘑菇事件发生的时间、地点、人数、后果等,同时也进行了大量有关本地区常见毒蘑菇的科普宣传;信息公开时间为案件发生后24小时,信息公开方式包括传统电视媒体、纸质媒体、广播电台以及新型互联网媒体宣传,还有线下公共场所的公开平台宣传、散发纸质宣传册等。在事件善后阶段,行政机关基本未发布和公开相关信息。

本案例中,我们发现政府在进行信息公开时存在以下几点问题。

第一,预警信息发布不及时。此类因误食有毒野生蘑菇而引起的中毒、死亡事件在G省时有发生,政府相关部门理应根据时令节气情况及时发布与之有关的预警信息。然而本案例中,在此类食品安全突发事件高发期内,Z市有关部门却没有提前发布有效的预警信息,而是在误食蘑菇中毒事件发生之后才开始进行较大规模的科普宣传工作。

第二,信息公开内容不全面。本案中,在误食野生毒蘑菇中毒事件发生后,行政机关公开的信息内容主要涉及预警及科普信息,只在极少数报道中才可以看见误食野生毒蘑菇事件的基本情况,且仅限于事件发生的时间、地点、人数和造成的后果等。在我们看来,政府信息应以公开为原则、不公开为例外，除去涉及个人隐私的内容，事件发生后的大多数信息都应该尽可能全面地公开。就该案例来说，行政机关应该公开的信息包括但不限于患者的救治情况、有关部门于事件中采取的应对措施、后续的善后措施、各部门在此次事件中的经费与物资使用情况等。

第三，信息公开的主体不明确。误食有毒野生蘑菇事件发生后，相关的政府信息虽然主要是由市食安办组织进行公开，但同时也存在其他部门发布事件信息的情况。比如，事件发生后，L 市市场监督管理局也将相关信息在各平台进行了发布，且在开展的后续访谈中，也有政府工作人员指出，信息究竟应由政府的哪个部门发布存在较大的不确定。在相关法律法规的规定比较模糊的情况下，此类信息发布主体的权威性和正当性有待商榷。

第四，信息公开的效果不好。本案中，在第一起误食毒蘑菇事件发生后，市食安办紧急发布了预警信息并联合电视台制作播出了相关科普节目。然而，之后短时间内又发生了同类型事件，并有多人因食物中毒死亡。由此可见，这期间的信息公开并未获得预期效果，没有引起群众足够的重视。另外，少量媒体对于采食野生蘑菇过度详细、渲染性、暗示性的报道，也存在着引起市民模仿的风险，从而导致反效果的产生。

上面的问题在我们的走访座谈中也被直接提及，以下是对 Z 市市场监督管理局食药部门工作人员 A 的访谈摘录。

问：您在这次采食野生蘑菇中毒事件的信息公开工作中遇到了什么问题吗？

A：我觉得有两个问题确实不太清楚，一个是有些信息到底该谁来公开，另外就是有哪些信息是我们需要对外进行公开的？现有法律法规及应急预案中都没有明确规定。

问：首先是对信息公开主体存在疑问？

A：是的。比如说这几次采食野生蘑菇中毒的事件发生后，一些预警信息和事件的处置情况，到底是应由食安办那边来发布还是需要我们这边来发布不好区分。有时候食安办那边已经公开了相关信息，但我们这边也会对外公开一些预警和科普信息。

问：还有就是对信息公开的内容也不太清楚？

A：我们一般是依据《Z市食品安全事故应急预案》上的规定来公开信息，但是这个应急预案对哪些内容该公开并没有写得很清楚，对实际工作的指导性并不强。一般来说，对于哪些信息该公开、怎么公开最终主要是由领导开会来决定，有些敏感信息到最后都不会对外进行公开。

5.2.6　案例描述的初步结论

在上海甲肝流行事件中，政府信息公开是由政府绝对主导，内容表现出片面性，时限上带有明显的滞后性，虽然公开方式的类型丰富，但信息以单向流动为主，整体与压力型模式的特征吻合。在三鹿奶粉事件中，媒体在信息公开中发挥一定的引导和监督作用，但总体受到政府影响和控制，公开的具体内容虽然更丰富，但依旧比较片面，此外还缺失预警信息的公开，公开时间明显滞后。公开方式上虽然以信息单向流动为主，但已隐含着政府对公众利益的考虑和公众诉求之回应。因此，此阶段的政府信息公开整体上比较符合压力型模式之特点，但在某些方面出现不同于压力型模式的表征。在成都七中实验学校事件、L市某幼儿园食品安全事件及Z市野生蘑菇中毒事件中，公众参与度明显提高，对政府主导信息公开造成一定程度的冲击，虽然预警信息公开较少，公开时间存在一定的滞后，但对公众诉求的重视度明显提升，呈现出向回应型模式靠拢的趋势。这表明近20年来政府信息公开在实践层面上不断得到改进和提升，意味着食品安全突发事件中政府信息公开模式的转型正在发生，而且必将持续下去。

5.3　问卷调查分析

基于典型案例分析得出的结论是，我国食品安全突发事件中政府信息公开正从压力型模式向回应型模式靠近，但这一论断是否与普通民众的感知契合，还需要扎实的数据做支撑。如前文所述，政府信息公开回应型模式的核心在于民众的积极主动参与，以及民众合理诉求的满足程度，因此必须开展必要的问卷调查，通过收集整理的数据来检视民众对当前政府信息公开情况的切身感受，进而有针对性地改进制度设计与实务操作。

5.3.1　问卷设计与调查实施

在食品安全突发事件中，普通民众既是事件的直接感知者，也是政府发布信息的接收者。公众对政府信息公开的满足程度如何，可直观地反映在公众对政府信息公开效果的评价上。围绕政府信息公开整体及其组成要素，我们在问卷中设计了两重测评标准，第一层次为测量公众对政府信息公开的整体评价；第二层次是从政府信息公开的主体、时间、方式、内容等要素出发，测量政府信息公开在食品安全突发事件中是否满足了公众的具体需求。基于此，问卷共设计了 14 个问题，分为三个部分，第一部分为调查对象的基本情况，第二部分为公众对政府信息公开的整体评价，第三部分包含"公众参与度""公众对政府信息公开内容的评价""公众对政府信息公开时间的评价""公众对政府信息公开方式的评价"四个方面的内容。

此次问卷调查采取的是网络问卷调查的方式，通过 QQ、微信和微博等平台进行发放。时间集中在 2019 年 3 月至 2020 年 2 月。在正式问卷发放之前，我们于 2019 年 2 月进行了小范围的数据预采集，通过预调研发现了问卷存在的问题，故正式问卷是在预调研的基础上，删除了部分不合理的测项，并调整了语句表述所形成。正式问卷主要采用非概率抽样的方法，通过随机抽样方式选取调查样本。这种抽样方法可能带有很强的不确定性，但使操作具有可靠性和便利性。虽然通过 QQ、微信和微博等线上方式发布问卷，相较于传统面对面的方式具有低成本、高效率、不受时空限制等优势，但容易受到研究者生活朋友圈范围之影响，出现数据过分集中于某一地区或某一群体的现象，使得样本缺乏地域和群体代表性。为了尽可能地扩大问卷的辐射范围，避免数据出现偏向性，在发放时问卷有意识地对发放对象所处地域及从事的职业进行了选择。本次共发出 750 份问卷，收回 712 份，其中有效问卷为 706 份，有效收回率为 94%。

5.3.2　调查问卷的数据呈现

在对收回的问卷进行统计的基础上，可以发现公众对我国当前食品安全突发事件中政府信息公开实践的基本态度。

5.3.2.1　调查对象的基本情况

受调查对象年龄跨度大，为 14 岁至 65 岁，来自重庆、四川、河南、上海、湖北、福建、河北、湖南、浙江、云南、北京、西藏、江苏、新疆、广西、辽宁、广东、陕西、山西等全国 20 多个省、自治区、直辖市，具体情况如表 5 - 5 和表 5 - 6 所示。

表 5 - 5　被调查对象年龄分布

年龄	人数/人	占比/%
14 ~ 25 岁	137	19.4
26 ~ 35 岁	295	41.8
36 ~ 45 岁	55	7.8
46 ~ 60 岁	197	27.9
61 岁及以上	22	3.1

表 5 - 6　被调查对象地区分布

	所在区域	人数/人	占比/%
东南部、北部地区	北京	26	3.7
	天津	15	2.1
	山东	6	0.8
	江苏	11	1.6
	浙江	15	2.1
	福建	11	1.6
	广东	62	8.8
	海南	2	0.3
	辽宁	2	0.3
	上海	9	1.3
	内蒙古	2	0.3

续表

	所在区域	人数/人	占比/%
中部地区	江西	4	0.6
	湖南	32	4.5
	湖北	23	3.3
	河南	68	9.6
西部、西北部地区	四川	293	41.5
	重庆	73	10.3
	云南	6	0.8
	西藏	19	2.7
	新疆	2	0.3
	陕西	15	2.1
	贵州	2	0.3
	甘肃	2	0.3
	广西	6	0.8

进一步分析表5-5与表5-6可以看出，大多数受访者年龄在26岁到35岁，该年龄段人数较多的原因是这部分民众使用手机、电脑等的时间比较多，接触互联网信息的机会较多，因而更有可能成为调查对象，这比较符合当前"移动互联"的社会实际。受访者分布地区较广，东部、北部、南部、中部、西北部、西部都有受访者，一定程度上能够反映全国范围内的情况。总体而言，每个年龄段、每个区域都有调查对象，样本的代表性符合问卷调查之要求。

5.3.2.2 公众对政府信息公开的整体评价

根据相关法律规定，政府信息公开通常涉及规范性文件、财政预决算、重大决策、重大突发事件处置等与公众生活息息相关的信息。对于信息的类别，普通民众无法明确区分，只能基于自身主观感知来整体评价政府信息公开的情况。虽然这种感知并不明确具体，且带有很强的主观性，但可从中探知民众对政府信息公开的真实态度，这种态度未经掩饰和媒体修饰，具有较强的说服力。

政府信息公开的综合表现如何、发展趋势的好坏是普通民众在经历一系列政府信息公开后，能够作出的横向和纵向两个维度的基本判断。基于此，问卷设置了"您对当前政府信息公开发展趋势的评价"和"您对当前政府信息公开情况的评价"两个问题。为了将公众的直观感受加以量化，我们就公众对政府信息公开发展趋势的评价，设置了"越来越好""没有太大变化""越来越差"和"不知道"四个答案选项；将公众对政府信息公开的感知以分数形式呈现，分成了 100 分、86～99 分、60～85 分、59 分以下四个区间。统计结果如图 5-1 和图 5-2 所示。

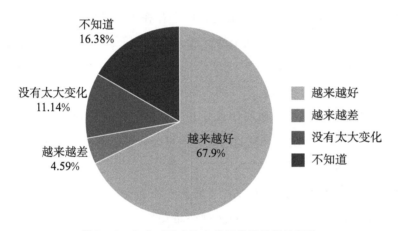

图 5-1　公众对政府信息公开发展趋势的评价

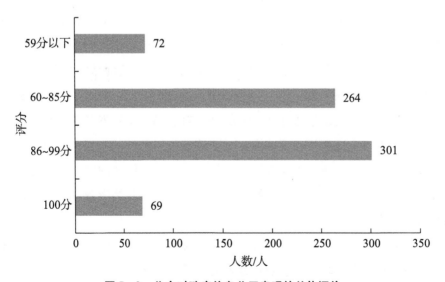

图 5-2　公众对政府信息公开表现的总体评价

如图 5 - 1 所示，67.9% 的公众认为当前政府信息公开发展趋势为越来越好，4.59% 的公众认为越来越差，11.14% 的公众认为没有太大变化，16.38% 的公众无法作出判断。对政府信息公开发展趋势持积极肯定立场的人占绝大多数，持消极否定立场的人最少。"越来越好"与"越来越差"之间的数据差，表明经过长期不懈的努力，政府在信息公开领域的工作得到民众越来越多的认可，民众对未来"透明政府"之建设充满信心。

60 分以上代表公众对政府信息公开表现的总体评价为合格，60~85 分表明比较满意，86~99 分表明非常满意，但还存在少量瑕疵，100 分说明政府信息公开已完全达到公众心中完美的标准；59 分以下则表明公众对政府信息公开持不满意的态度。根据图 5 - 2 所示，公众对政府信息公开的总体评价呈现正态分布规律，绝大多数公众（约占总人数的 80% 以上）的评价是合格以上，仅少数人认为我国当前政府信息公开不合格或存在较大问题。结合前面图 5 - 1 的数据，不难发现，我国的政府信息公开已能基本满足公众的需求，但仍存在一定的改进空间。

5.3.2.3 公众对政府信息公开关键要素的评价

问卷调查最终之目的是了解公众对食品安全突发事件中政府信息公开的态度，但对普通公众而言，"食品安全"与"政府信息公开"都属于比较抽象、专业的表达，需要通过更通俗的问题设计进行调查。对于食品安全突发事件，虽然近年来相关事件时常发生，但公众并不能将事件精准定位到具体的事件类型上，故问卷设置了"2008 年到现在所发生的食品安全突发事件，您印象最深刻的是哪一件"这一问题，并且将 2008 年到 2019 年发生的典型事件作为选项，目的是想通过列举唤起公众对食品安全突发事件的认知，将调查限定在本书主题框架的领域内；对于政府信息公开的实践，考虑到公众对信息的感知路径，我们主要选取了主体、方式、时间和内容四个关键要素设置相关问题。总体上，我们是将食品安全突发事件作为背景，将调查内容融入具体要素的分析中。

第一部分为方式要素。渠道是公众与政府进行信息沟通与获取服务的接触点，对公众而言，政府信息公开方式就是其获取政府信息的渠道，故问卷设置了"您主要从什么渠道获取政府公开的信息"这一问题。渠道越多表示政府对信息公开的重视程度越高。法律法规及规范性文件规定的政府信息公开方式包括政府公报、政府网站、政府新闻发布会、服务热线、广播电台、电视、报纸、微信、微博、公共图书馆、行政服务中心等。① 问卷将这些渠道设置为具体选项（多选题），通过公众对可获取渠道的选择来了解相关情况。统计结果如图5-3所示。

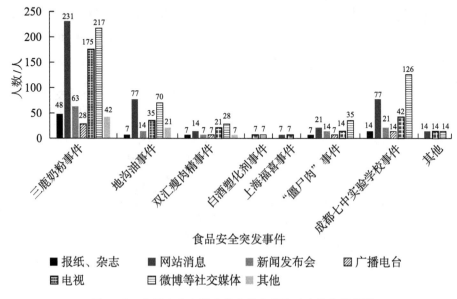

图 5-3 食品安全突发事件中公众获取政府信息的渠道

从图5-3可以看出，从2008年河北三鹿奶粉事件到2019年成都七中实验学校事件，公众获取政府公开信息的渠道至少有两种，电视、广播、新闻发布会、新闻网站、报纸杂志、微博等社交媒体渠道都得到了不同程度的运用。在这些渠道中，排名前三位的是电视、网站和微博等媒介平台。在2008年河北三鹿奶粉事件和2010年地沟油事件中，网站是公众获取政府信息的首选，在2015年"僵尸肉"事件和2019年成都七中实验学校事件中，微博等社交媒体取代网站，成为公众获取政府信息的主要途径。通过上述数据可以看出，在近年来的食品安全突发事件中，政府信息公开渠道呈现多元化的特征，而且微博等网络社交媒体在实践运用中的优势明显。

---

① 傅荣校、郭啸笑：《政府信息公开渠道的对比分析》，载《电子政务》2013年第2期。

第二部分为主体要素。新自由主义之兴起，打破了信息的单向传播思维，强调双向对话，公众参与受到重视。在食品安全突发事件政府信息公开过程中，如果公众以自己的方式实质参与其中，将会推动政府信息更大范围地公开。故设置"您是否有过参与政府信息公开的经历"这一问题，目的是通过公众的选择反映公众是否参与，测试公众参与的程度，但这仅是有无参与的问题，是否实质参与还需要看政府对待公众参与的态度，故设置了"政府是否对您的反馈或评价作出回应"这一问题。统计结果如图 5 - 4 和图 5 - 5 所示。

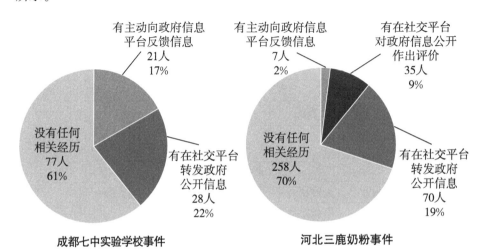

图 5 - 4　食品安全突发事件中公众参与政府信息公开的情况

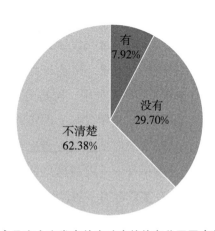

图 5 - 5　食品安全突发事件中政府就信息公开回应公众的情况

在回收的 706 份有效问卷中，选择河北三鹿奶粉事件和成都七中实验学校事件的人数最多，分别为 370 份和 126 份。从图 5-4 可以看出，这两起事件中分别有 70% 和 61% 的公众没有参与政府信息公开的相关经历，只有少数公众有过向政府反馈信息、在社交媒体平台转发政府信息和对政府信息公开作出评价的经历。从整体情况看，公众在食品安全突发事件政府信息公开中的参与度并不高，但并不是完全没有。进一步对比 2008 年河北三鹿奶粉事件、2010 年地沟油事件、2011 年河南双汇瘦肉精事件以及 2019 年成都七中实验学校事件中公众参与政府信息公开的数据，可以看出，从 2008 年到 2019 年，问卷样本参与人数比例呈增长趋势。但根据图 5-5 的数据显示，在这些有限的公众参与中，政府对公众作出回应的概率处于很低水平。

第三部分为时间要素。时间是反映政府信息传递效率的主要指标，通常有及时性要求，是政府信息服务水平的考量因素。很遗憾，对于政府信息公开的时间，法律并未作出统一明确的规定。《突发公共卫生事件应急条例》仅仅是将上报突发事件给上级部门的时间限定在 2 小时内，仅仅有部分行政规范性文件对突发事件中政府回应的时间作出了规定。时间虽然重要，但很难从规范角度加以明确，既然时间与公众利益相关，在无法律明确规定的情况下，最好的办法是从公众需求角度作出衡量。判断是否满足公众需求，首先需明确实际情况是怎样的，故设置了"您什么时候获取到政府公开的信息"这一问题；接下来是了解公众的心理预期，故设置了"假如再次发生食品安全突发事件，您希望政府什么时候进行信息公开"这一问题。由于条件限制，无法将时间精确到每时每分，按照实践情况及相关规定，大致可以划分为事件发生后的 1 小时内、事件发生后的 1~12 小时、事件发生后的 12~24 小时、事件发生后超过 24 小时四个阶段。统计结果如图 5-6 和图 5-7 所示。

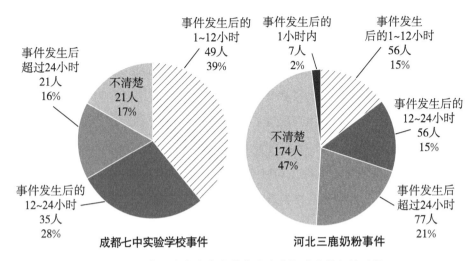

图 5 - 6　食品安全突发事件中公众获取政府信息的时间

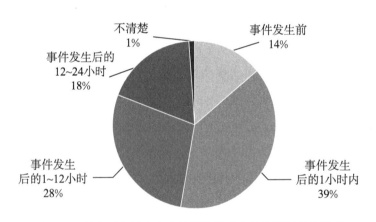

图 5 - 7　公众对食品安全突发事件政府信息公开时间的要求

与此同时，从图 5 - 6 可以看出，排除不能明确获取信息时间的人数，在河北三鹿奶粉事件和成都七中实验学校事件，公众获取政府公开信息比较集中的时间段是 1 ~ 12 小时和 12 ~ 24 小时两个时间段；河北三鹿奶粉事件中，绝大多数公众获取政府信息的时间超过了 24 小时，但在 2019 年成都七中实验学校事件中，1 ~ 12 小时获取政府信息的人数超过 12 ~ 24 小时获取政府信息的人数。这种变化从侧面反映出政府信息公开效率的提升。通过进一步分析图 5 - 7 发现，39% 的公众认为政府应在事件发生后 1 小时内进行信息公开，28% 的公众认为政府应在 1 ~ 12 小时段进行信息公开，

18% 的公众认为政府应在 12～24 小时段进行信息公开，没有人认为政府信息公开应在 24 小时以后。因此，可以说食品安全突发事件的政府信息公开尚未达到公众的期望值。

第四部分为内容要素。内容是信息公开的外在表现，反映了政府满足公众需求的程度。食品安全突发事件中，政府信息公开的内容纷繁复杂，政府与公众基于自身利益会作出不同的考量。公众从政府处获取的信息是政府在利益衡量下的选择，是否有用需要进行专门统计，就此，我们设置了"您从政府信息公开中获取到哪些有用的信息"这一问题。公众对内容的预期是自身利益衡量的结果，为此设置了"您最希望从政府那里获取哪些信息"这一问题。政府信息公开能否满足公众需求，在于针对两个问题的选择是否一致。由于问卷内容的限制，无法一一列举所有的内容，但根据食品安全突发事件发展阶段，大致可以将信息公开的内容划分为关于事件的预警信息、关于事件发生的原因及危害等的信息、关于政府行动的信息、关于公民个人如何应对事件的信息、关于事件进展情况的信息和关于追究责任情况的信息六类。统计结果如图 5–8 和图 5–9 所示。

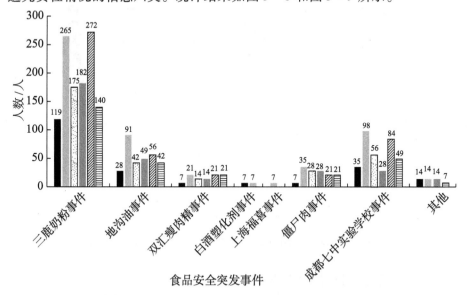

图 5–8　食品安全突发事件中公众获取的政府信息的内容

从图 5 - 8 可以看出，无论是河北三鹿奶粉事件还是成都七中实验学校事件，抑或是其他食品安全突发事件中，公众从政府处获取的信息情况大体一致。排在第一位的基本是关于事件发生原因、危害等的信息，排在第二位的是关于事件进展的信息，排在第三位的两项是关于公众如何应对事件的信息，排在第四位的是关于政府行动的信息，排位最后的两项分别是关于追究责任的信息和事件预警信息。进一步分析图 5 - 9 发现，公众对政府信息公开内容的要求与公众从政府处获取信息的情况大体保持一致。

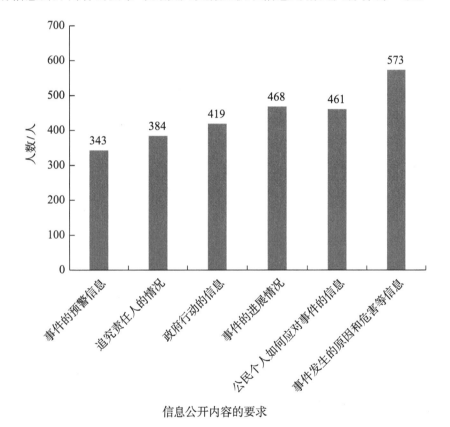

图 5 - 9　公众对食品安全突发事件政府信息公开内容的要求

5.3.3　调查问卷的初步结论

通过对调查问卷获取的数据进行统计分析，不难得出以下结论。

一是我国食品安全突发事件中政府信息公开的整体环境比较成熟。在有限的调查对象中，公众对政府公开的信息进行了不同程度的关注，这反映出公众权利主体意识已经形成。食品安全突发事件中，公众对政府公开的信息比较信任，对政府信息公开的重要性和紧迫性都高度认同。由此，成熟的社会环境对政府信息公开提出了更高的要求，倒逼各层级、各区域行政机关增强信息公开的意识，提升公开的效果。

二是我国食品安全突发事件中政府信息公开逐步向好的方向发展。一方面，从公众对该问题的回答情况中可以看出，绝大多数公众认为政府信息公开的现状在逐步变好；另一方面，排除年龄因素的影响，多数公众熟知的食品安全突发事件为 2008 年的三鹿奶粉事件和 2019 年的成都七中食品安全事件，公众对后者的知悉程度更高。这在一定程度上说明，十年间政府信息公开的范围更广、力度更大。

三是当前食品安全突发事件中政府信息公开的整体状况比较好。在被调查的对象中，有 90% 的公众对当前政府信息公开的整体评价在 60 分以上，甚至有公众给出了 100 分。虽然可能存在职业偏好的影响，比如政府机关工作人员对于涉及与自身职业相关的工作的评价，打分可能普遍偏高，但这也不能否认多数民众认为政府信息公开已经达到合格及以上的标准。在这样的基础上，政府信息公开如何做得更好，则是需要各级政府部门认真思考和应对的新课题。

四是食品安全突发事件中政府信息公开对公众需求的回应度还不够。从统计数据出发，结合近期发生的食品安全突发事件，可以看出政府信息公开实践还存在多方面的缺陷。比如在内容上，食品安全事件发生后，公众可能倾向了解关于事件本身的相关信息，包括事件发生的原因和危害，但是政府的偏好倾向于向公众传达政府在事件过程中采取了哪些行动；在事件结束时，公众可能希望政府告知如何避免类似事件再次发生和对相关责任人的追责情况，但这两方面的内容却在政府信息公开中常被忽视。因此，当前政府信息公开的内容在一定程度上与公众需求脱离。再比如，在公开的时间上，无论是《突发事件应对法》，还是《政府信息公开条例》，都没有明确规定政府对突发事件进行信息公开的时间要求，但及时公开往往对于应对突发事件和降低损害后果至关重要。前述案例显示，在成都七中实验学校食品安全事件中，政府在事件暴发 10 小时后才正式进行信息公开，这明显与绝大多数公众的需求差距甚远。因此，未来食品安全突发事件中的政府信息公开应当高度重视对公众需求的回应。

5.4　实践现状的模式定位与困境

无论是案例分析还是问卷调查分析，都是在实证研究的基础上，对我国当前食品安全突发事件中政府信息公开的模式给出较为确定的答案，并对该模式面临的困境作进一步分析。

5.4.1　客观定位：偏于压力型模式

结合案例和问卷调查之分析，当前我国食品安全突发事件政府信息公开带有诸多回应型因素。在此情况下，能否将政府信息公开定位为某一确定的类型状态，有待进一步分析。在某些方面带有压力型或回应型模式的表征，并不一定代表政府信息公开属于对应的类型。区分压力型与回应型模式的关键是回归政府信息公开的初衷，从中探寻决定政府信息公开表征的价值追求。

在公开方式方面，案例分析与问卷调查都显示，当前政府信息公开在方式上的多元化趋势明显。但进一步分析问卷数据可以发现，在食品安全突发事件中，公众在社交媒体平台上转发政府信息和对政府公开之信息作出评价等方式并未得到政府相应的回应，多元化信息渠道并不能实现信息双向流动。不难推断，政府多元化公开渠道之运用其实是迫于当前新媒体发展的形势，微博、微信等网络媒体成为社会情绪宣泄的加速器，许多社会矛盾被投射到网络中，利用网络的放大效应，形成强大的社会影响，给政府管理带来全新的挑战。政府不得不扩大信息传播的途径，抢占话语权，从根本上讲是为了提升管理效率，被动性的特点较为突出。

在公开时间方面，案例分析和问卷调查的结论都认为政府对食品安全突发事件的反应速度在加快，但信息公开效率之提升并未达到满足公众需求的程度。通过分析问卷调查数据可发现，大多数公众要求政府信息公开的时间在1小时内，但遗憾的是政府信息公开离这一要求还较远。政府信息公开效率之提升只是伴随信息技术的广泛应用，政府收集处理信息的速度加快带来的对何时公开、公开什么仍然基于自身利益之考虑，视事件发展情况来实施。无论是三鹿奶粉事件还是成都七中实验学校事件，在事件暴发前政府都曾收到来自公众的投诉和反映，政府也在内部采取了一定的调查措施，但此时政府并未选择向公众公开信息，直到事件被媒体披露，给社会稳定造成影响，政府才选择公开相关信息，这显然具有很强的被动色彩。

在公开主体方面，案例分析和问卷调查的结论存在差异。案例分析之结论显示公众在一定程度上参与了政府信息公开，问卷调查结果则显示公众参与严重不足。出现差异的原因在于，两者所处的角度不同，考虑问题有不同的侧重点。对于政府而言，更注重给予公众参与的机会，而对于公众而言，更希望有实质性参与。回应型政府信息公开模式强调的是公众有实质性参与，政府在这方面做得显然还不够。在前述部分案例中，公众存在一定程度的参与，主要表现为公众可以借助媒体平台表达自身需求，但对于怎样公开以及公开哪些内容则由政府把控。现阶段我国的网络管理是以"维稳"为中心的自上而下的管理。在应对食品安全突发事件时，一些地方政府以维护公共秩序为由，对网络言论采取删除、屏蔽等措施。从短期效果来看，这可以防止谣言肆虐和小道消息横飞，从而有助于政府掌握危机应对的主动权，但从长远来看会影响公众对政府的信任。

在公开内容方面，案例分析与问卷调查的结论出现分歧。案例分析基于对事件阶段的划分和突发事件预警的认识，认为政府侧重于事后应对，而缺乏对预警信息等内容的公布，整体上不能满足公众需求。但问卷调查发现，公众对信息公开内容之诉求与政府披露的信息基本保持一致。站在客观理性角度分析，基于风险理论之认知，食品安全突发事件中政府信息公开的内容应当涵盖预警信息、事件发生的原因与危害、事件的进展与处置、公众应对事件方法、相关责任追究及事后预防类似事件再次发生的措施等。

通过以上的分析，我们可以得出一个基本结论：我国现阶段食品安全突发事件中政府信息公开偏向压力型的模式。

5.4.2 现实困境：与社会需求脱节

政府信息公开压力型模式之形成有其深刻的历史背景，基本上是兼顾秩序与效率的产物。随着社会的发展，这一模式使政府信息公开的效果呈现出不确定性和不适应性，主要表现为与社会需求脱节。

首先，脱离了社会经济发展的需要。新常态下，我国经济已由高速增长阶段转向高质量发展阶段。信息可以为经济可持续发展中各种新思想、新产品、新样态、新场景提供创造的源泉，生产决策与交易决策的作出更有赖于充分、有效的信息。作为重要的市场资源，信息应该在市场中充分流通和有效运用。在市场信息供应链条中，企业是产品生产者，为原始信息的来源；政府作为市场监管者，是信息的收集和加工者；公众是消费者，为信息接收者。由于分工不同，信息在初始状态具有不对称性。在食品安全领域，由于食品安全信息的专业化特质和普通公众的知识结构有限，食品安全信息的获取基本依靠外部信息源。[1] 政府的职能是消除信息不对称。但在压力型模式中，政府常常倾向于将对自身有利的信息向公众公开，而企业为了获利不可能主动向公众公布详细信息，公众无法掌握充足的信息资源，这就要求破除信息单向流动的桎梏，满足公众日益增长的需求。

其次，脱离了政府法治化建设的要求。党的十九大以来，依法行政、建设法治政府深入推进，其间特别强调要推动制度化建设，加强民主协商建设，形成健全的公众参与制度和参与程序，确保公众能够积极参与到法治建设中。[2] 公众通过行政程序有效地参与行政决策与行政行为之实施，是现代法治国家的一个重要特征。建立和完善公众参与制度可以保障公众权利不受行政权力滥用的侵害。[3] 而参与之前提是公众能够及时准确地获知政府行为的信息。压力型模式中，信息公开缺乏对公众需求之回应，公众获取的信息有限，因而很难有效地参与，也很难对行政权之行使形成监督。从这个角度来看，政府信息公开压力型模式脱离了政府法治化建设的要求。

---

① 刘飞：《风险交流与食品安全软治理》，载《学术研究》2014 年第 11 期。
② 田琳琳：《行政法治蕴藏的五种精神》，载《人民论坛》2018 年第 31 期。
③ 张春莉：《行政法视野下公众参与的法治意义》，载《学习与探索》2004 年第 6 期。

最后，脱离了服务型政府建设的要求。当前，随着社会主义民主政治和市场经济体制的建立和完善，服务理念为全社会所认同。服务型政府①是 21世纪初以"新公共服务"理论为代表的行政理论发展的现实吁求。② 不同于传统的管制型政府，③ 服务型政府强调政府所提供的服务应该最大限度地保障和促成行政相对人的权利和利益。政府提供服务的过程是公民与政府互动的过程，公众需要什么服务，可以通过一定的方式向政府反映，政府应当给予积极的回应，从而满足公众的需求。压力型模式中，政府信息公开更多地表现出信息传播的单向性，注重政府对信息的单方告知，对公众的反馈意见和建议并不重视，因此信息公开的效果呈现参差不齐的现象。

---

① 服务型政府主要是针对传统计划经济条件下，政府大包大揽和以计划指令、行政管制为主要手段的管制型政府模式而提出的一种新型的现代政府治理模式，根据学者们的归纳，服务型政府就是指政府遵从民意要求，在政府工作目的、工作内容、工作程序和工作方法上用公开的方式给公民、社会组织和社会提供方便、周到和有效的帮助，为民兴利、促进社会稳定发展。

② 郑巧、肖文涛：《协同治理：服务型政府的治道逻辑》，载《中国行政管理》2008 年第 7 期。

③ 管制型政府是指政府控制公民、社会、经济组织以履行政治统治和社会管理职能的行为与过程，在管制政府状态下政府的行政权力渗透社会生活的各个角落，社会生活的各个方面都处于行政权力的严格控制之下，社会缺乏自主行动的空间。

第六章　我国食品安全突发事件中政府信息公开模式的转型

　　理论分析与实证研究揭示了我国当前食品安全突发事件中政府信息公开机制存在的缺憾，也彰显了优化的必要性与紧迫性。中国法学会民事诉讼法研究会会长张卫平教授在探讨民事诉讼的发展方向时提出："民事诉讼的现代化必须要解决民事诉讼的体制或模式问题，应当实现民事诉讼体制或模式的转型。"① 这一观点同样适用于政府信息公开机制的研究。"如果根本不知道道路会导向何方，我们就不可能智慧地选择路径"，② 本书认为，未来我国食品安全突发事件中的政府信息公开模式应当实现从压力型向回应型迈进。

6.1　政府信息公开模式：从压力型迈向回应型

　　政府信息公开模式从压力型转向回应型既是现代政府治理不断深入发展的时代产物，也是信息社会对工业社会、农业社会日益颠覆的客观要求，具有毋庸置疑的必然性与可行性。

6.1.1　迈向回应型模式的必然性

　　必然性是指由事物的本质因素所决定的确定不移的联系和合乎规律的、唯一可能的趋势。必然性意味着政府信息公开回应型模式并不是现实中偶然出现的，而是伴随现代民主与政府转型理念发展而做出的选择，其符合社会信息流通规律，代表着政府信息公开发展的更高追求。

---

① 张卫平：《诉讼体制或模式转型的现实与前景分析》，载《当代法学》2016 年第 3 期。
② ［美］卡多佐：《司法过程的性质》，苏力译，商务印书馆 1998 年版，第 63 页。

　　首先，回应型模式是社会主义民主的应有之义。政府信息公开是现代法治国家保障民众知情权的基本制度设计，也是依法行政、建设法治政府的主要表征。民主理念经历了从"雅典式"的直接民主到共和主义民主、自由主义民主再到参与式民主的转变，相应地政府信息公开也有不同的表现。在"雅典式"的直接民主制度下，信息公开不仅指向政府信息，而且指向公众和私人信息。[①] 在共和主义民主制度下，人民直接管理国家，国家意志就是众意，缺乏政府信息公开的动力机制。在自由主义民主制度下，部分群体为了争取公众的选票从而获得权力，总会向公众提供和发布卷帙浩繁的新闻稿、报告和声明，但这些只是政府觉得可以让公众知道，或者希望公众知道的信息，是消极的、被动的公开。20 世纪 80 年代以来，发达国家进入了后现代社会，西方个别思想家已经清醒地看到自由主义民主在规范和事实中的缺陷，提出应向"参与制约权力"的民主方向发展或延伸。该思想是托克维尔在伯克的自由保守主义传统基础上提出来的。参与式民主理念强调广泛的参与性与协商性，以及主体的多元性与平等性，参与过程的实质性特征应该是以理性为基础，参与者可以在获得的最具说服力信息的基础上修改自己的建议，并接受对其建议的批判性审视。[②] 就我国而言，在建设社会主义法治国家的过程中，人民是国家的主人，了解和知悉行政权力行使的相关信息，既是人民当家作主的应有之义，也是社会主义民主的基本表征。因此，回应型模式强调和重视回应民众需求，这与社会主义民主的基本理念完全契合。

　　其次，回应型模式是现代行政法治发展的基本价值追求。政府信息公开是行政法不断发展的产物，行政法的核心在于控制政府权力，这一理论基于人民主权的观念，认为行政权来源于公民权利，然而一切权力有滥用的可能。孟德斯鸠曾深刻地指出："一切有权力的人都容易滥用权力，这是万古不易的一条经验。有权力的人使用权力一直到遇有界限的地方为止。"[③] 19 世纪的英国法学家戴雪据此认为："政府应严格受普通法和普通法院控制，不能有

---

①　沈开举：《民主、信息公开与国家治理模式的变迁》，载《河南社会科学》2012 年第 4 期。

②　李琳：《公共理性视域中的民主党派参政议政能力建设》，载《湖南省社会主义学院学报》2011 年第 2 期。

③　［法］孟德斯鸠：《论法的精神》（上册），张雁深译，商务印书馆 1990 年版，第 225 页。

任何特权。"①"以权力控制权力"的法治理念由此产生。进入 20 世纪后，行政权力迅速扩张，对行政权之控制从开始的"三权分立"，经过不断探索，发展为程序的控制、权利对权力的监督。程序的控权作用在于它为行政权力的行使设定了严格的方式、方法、步骤和时序；通过非人情化的管理来达到限制权力恣意的目的。当今社会，人们期待政府能够在提供公共服务、化解社会风险、维护社会安全等方面发挥积极作用，政府权力之积极作为已成为权利实现的重要条件。② 但与此同时，权力亦可能被滥用，公众可以通过主动性行为推动或阻止政府活动，从而形成对政府权力的约束。现代社会，知情权是民众当家作主的基本权利，而政府信息公开是满足民众知情权的基本条件，现代行政法则要求行政行为更侧重积极能动地回应公众的利益诉求。③因此，政府信息公开回应型模式遵循了现代行政法治发展的基本价值追求。

最后，回应型模式遵循了现代社会信息流通的规律。信息流通是信息生产者与信息使用者不断地交替、变换位置与角色的现实途径，其过程就是信息反馈和反馈之反馈的过程。信息流通的本质是信息的双向运动。一国的信息环境由各种信息流构成，主要包括了从政府到公众的信息流、政府间的信息流、公众间的信息流以及从公众到政府的信息流。信息流通的本质决定了无论信息在哪些主体间流通都是双向的，单向的信息流通违背了信息流通的基本规律。法治社会中，唯一有权以社会名义过滤和调节信息的只有政府。政府通过设立信息机构、采用信息立法和政策指导等对信息资源进行配置。公众虽然处于社会信息的源头，但信息获取能力最低，这决定了政府与公众间信息的基本流向是从政府向公众流动。以往，政府与公众间的信息流动是借助电视、广播等传播媒介，方式是"演讲式"，即一个中心同时向多个边缘接受者发布信息的状态，④ 是一种点对点的泛传播，单向性较强。当今社会，随着互联网等信息技术的发展及普及，信息传播的速度和效率加快，信

---

① 唐小波：《简论行政法理论的三种学说》，载《政治与法律》2004 年第 6 期。
② 楚德江：《控权理论的价值与缺憾》，载《甘肃社会科学》2008 年第 3 期。
③ 郭道晖：《现代行政法治理念概述》，载《江苏社会科学》2003 年第 1 期。
④ 靖鸣、臧诚：《媒介融合时代信息流动模式、分众化传播及媒体对社会凝聚力的影响》，载《新闻与传播研究》2011 年第 5 期。

息转录手段日益先进，信息使用的隐蔽性和私人性特征突出，无偿使用信息的情况较为普遍。[①] 移动互联背景下，信息使用者既是信息的接收者，也是信息的创造者与传播者。因此，信息从公众向政府流动已然成为可能，而回应型模式的本质要求就是信息在主体间双向互动，这与当代社会信息流通的规律完全契合。

6.1.2　迈向回应型模式的可行性

所谓可行性，是指就当前所拥有的社会知识和社会经验条件而言，选择回应型政府信息公开运行模式是完全有可能实现的。如果缺乏客观条件的支撑，政府信息公开回应型模式就只是一种乌托邦式的美好理想。本书认为，治理现代化的不断演进、新媒体技术的日益发展以及国内外政府信息公开的丰富实践保障使回应型模式之构建完全具备可行性。

一是治理现代化的不断演进。党的十八大以来，我国社会治理的水平日益提升。十九届四中全会更是第一次用中央全会决议的形式集中阐述了国家治理体系和治理能力现代化这一重大时代课题。国家治理现代化就是国家治理日益制度化、民主化、法治化、科学化、高效率，国家治理者善于运用这套治理资源治理国家，把制度优势转化为治理效能，满足民众不断增长的对美好生活的需求。治理现代化是对过去国家管理状态的深刻反思，是国家治理不断发展的产物。治理与管理虽然仅有一字之差，但却蕴含着不同的理念和追求。在管理状态下，管理者是权力主体，包括公开在内的手段都被看作是实现管理目标的工具，管理理念支配下的政府信息公开往往带有过度的实用主义色彩和较强的选择性，对于那些愿意公开的信息则动用各种手段予以公开，而公众的信息需求没有成为公开的主要推动力及目标。[②] 治理强调的是利益相关方的共同参与、相互协商，体现了交涉性、民主性。回应型模式中的"回应"，字面义是对公众需求的有效满足，而公众是一个由分散的个体组成的集合概念，如何最大程度地回应公众，治理状态下的解决之道是广泛参与、充分整合。治理与公开的结合，将促使信息公开中政府与社会间构

---

① 白华：《略论信息资源配置》，载《情报科学》1999 年第 1 期。
② 王锡锌：《政府信息公开制度十年：迈向治理导向的公开》，载《中国行政管理》2018 年第 5 期。

成"回应—参与—反馈"的良性互动，确保政府回应社会的自觉性、稳定性、有效性和可持续性。最初，治理的含义主要是治国理政，随后治理被运用于经济、环境、社会、安全等方方面面。《食品安全法》将社会共治规定为食品安全监管的原则。社会共治主要包括多元主体、开放和复杂的系统，以对话及合作和集体行动为共治机制，以共同利益为最终产出等特征。食品安全涉及面广、影响大、社会关注程度高，社会共治为食品安全突发事件的应对，以及其间政府信息公开过程中公共利益最大化的实现提供了现实基础，这与国家治理现代化的内在机理完全契合，构成国家治理现代化的重要场域。因此，可以断言，随着国家治理现代化的不断深入，食品安全突发事件中政府信息公开也必然日益制度化、科学化、民主化，必能更加满足公众知情权的需求，当然也必将迈向回应型模式。

二是现代信息科技提供了坚实的技术支撑。现代信息技术是由计算机技术、通信技术、微电子技术结合而成，利用现代电子通信技术从事信息采集、存储、加工、利用的新学科。[1] 信息技术催生了互联网、大数据和人工智能，促进了人际沟通的便利化和社会组织的扁平化。互联网因其开放、虚拟、互动等特性，成为各种信息和舆论的集散地，给政府治理和风险管理带来挑战，但也应看到信息技术给政府管理带来的新契机。互联网从"工具"属性不断向提供信息服务和提供平台服务延伸。[2] 借助微博、微信等社交媒体，公众与政府可以进行实时对话与互动，为公众反馈信息和政府接收信息提供更丰富的渠道，提升政府信息公开的针对性。当前，以大数据、物联网以及云计算为代表的新一代信息技术不断地取得突破，进而能够有效地促进政府管理方式的创新。借助人工智能技术，通过对海量信息数据进行深度加工和科学利用，使得高效率地感知和预警社会风险成为可能，[3] 这在食品安全突发事件的前期显得尤为重要。此外，在食品安全突发事件处置阶段和善后阶段，

---

[1] 沈亚平、刘志辉：《现代信息技术发展与公共生活变迁》，载《南开学报（哲学社会科学版）》2014年第4期。

[2] 翟云：《"互联网＋政务服务"推动政府治理现代化的内在逻辑和演化路径》，载《电子政务》2017年第12期。

[3] 温志强、李永俊：《大数据环境下社会冲突的风险感知与预警》，载《上海行政学院学报》2019年第5期。

大数据和人工智能的广泛运用还可以加快信息收集效率，增强信息公开的及时性和覆盖面，进而实现事件应对的有效性。因此，可以说，现代信息技术的广泛运用和不断的发展为政府信息公开回应型模式的建设提供了有力的支撑。

三是国内信息公开立法及实践提供了丰富的经验。李克强总理于 2016 年 2 月 17 日的国务院常务会上明确提出了"现代政府"的概念，所谓现代政府，即能够及时回应人民群众的期盼和关切的政府。当前，伴随着经济体制改革的不断深入和万物互联不断发展，农业社会也逐渐向工业社会、知识经济社会过渡，新业态、新场景、新模式不断涌现，这些都标志着我国社会的基本面貌已经而且还将发生重大变革，传统的政府管理手段包括信息公开方式已不能满足时代要求，政府信息公开回应型模式的实现有了客观的现实背景。法律、法规和制度对政府管理社会公共事务的方式不断完善，最明显的表现就是在重大行政决策领域，公众决策参与的范围日益广泛、手段日益多元、影响日益增强，这恰恰是构建回应型模式的重要底层逻辑。

21 世纪以来，国内一些地区和城市率先尝试将回应型理念融入地方政府的信息公开实践中。比如上海作为改革开放先行地，较高的城市经济发展水平决定了其民主氛围更浓厚，公众参政议政的积极性更高，进而对政府信息公开的要求也更高，由此上海在政府信息公开更好地满足公众需求方面也走在了前面。早在 2004 年，上海市人民政府就颁布实施了《上海市政府信息公开规定》，比国务院制定颁行《政府信息公开条例》还早了 4 年，该规定先后经过了三次修订，有较大的改变且至今仍有效。在突发事件应对中的信息公开问题上，上海也有新的探索。在《突发事件应对法》生效后，上海市人大常委会于 2012 年 12 月专门通过了《上海实施〈中华人民共和国突发事件应对法〉办法》，该办法第一章总则中的第 8 条规定："市和区、县人民政府及其部门应当建立健全突发事件信息公开制度，按照国家和本市有关规定，完善突发事件的预警信息发布机制、舆情的收集和回应机制、灾情损失的统计公布机制，统一、准确、及时地公布突发事件信息，并根据事态发展及时更新。新闻媒体应当准确、客观地报道突发事件信息。任何单位和个人不得编造、传播有关突发事件的虚假信息。各级人民政府及有关部门发现影响或者可能影响社会稳定、扰乱社会管理秩序的虚假或者不完整的突发事件信息的，应当在其职责范围内发布准确的信息，并依法采取处置措施。"与《突发事件应对法》相比，此规定内容的丰富性、指导性、针对性无疑更强，更具有操作性，为政府信息公开更好地回应民众需求提供了更好的保障。另外，在信息渠道建设上，上海市从原来的"重发布，轻服务"向发布与服务并重转变，在微博、微信等新媒体已深入普及的情况下，致力于服务质量的提升，突出表现在"微信立体化的矩阵"服务之提供。"微信矩阵"功能菜单包括全市76个政务微信公众号，规模化和分类化的微信矩阵集群便于用户精准地查找信息，体现出以公众需求为导向的建设理念。除了上海，广州、深圳、成都等城市在突发事件应对的信息公开问题上也有创新性做法，这在相当程度上为政府信息公开回应型模式的建设积累了经验。

四是域外立法规定提供了可资借鉴的经验。如前已述，域外政府信息公开都存在一个共同的特征，即通过建立相对完善的法律体系，为回应公众的信息需求提供稳定的保障。美国《信息自由法》规定了各机构应向公众提供的信息。此外，美国的《阳光下的政府法》和《开放政府指令》也分别从会议记录公开和政府网站公布的角度，对政府信息公开提供可具体操作的指引。

在实务操作中，其他国家通过不同的制度设计来实现政府信息公开对公众需求的回应。美国主要是从保障公众知情权角度来优化政府信息公开的运行，并为此专门规定了《公共信息准则》。20 世纪 70 年代初，美国政府提出建立一个与计算机技术、网络技术相结合的信息公开系统，即 GILS，① 通过该系统公众可以利用互联网直接获取目录数据，并通过链接直接获得有关的数字资源全文。② 英国从完善政府信息公开行为来实现对公众需求的回应。为了督促公共机关执行信息公开法案、监督政府机构信息公开的实施情况，美国政府设置了信息专员公署，除了监督政府信息公开的落实外，该机构还保持与公众的联系，并且能够及时了解不断变化的技术，从而促进政府提供

---

① GILS 为政府信息定位服务（the Government Information Locator Service）的英文缩写，它由美国联邦政府建立，目的是为公众提供可以方便检索、定位、获取公共联邦信息资源的服务。

② 敖文杰、梁蕙玮：《美国政府信息服务体系对我国公共图书馆的启示》，载《图书馆学研究》2011 年第 24 期。

优质的信息服务。① 此外，英国政府对公众需求之回应还体现在便捷公众的程序设计上。该国《信息自由法》要求每个公共机构都得采用和维持一个出版计划（publication scheme），积极主动地向公众提供日常工作产生的信息，出版计划为公众获取信息提供了指南。② 新加坡政府则善于借助社会力量来实现对公众的回应。一方面，通过与新闻媒体建立良好的合作关系来提升政府信息公开的有效性；另一方面，政府鼓励和支持成立民意反馈组织，政府通过民意反馈组织，鼓励公民参与公共政治生活，在每项政策或法规推出的前后，主动地对公民的反映和意见进行调查了解，③ 公民对政府决策的反应很快会通过该组织成为影响政府决策的新动力。以上这些国家在政府信息公开领域的立法和实践蕴含了一些内在规律，值得我国完善食品安全突发事件中政府信息公开机制时借鉴和参考。

6.2　政府信息公开回应型模式的基本要求

回应强调的是政府提供公共服务能最大限度地满足社会公众的需求，其最终目的就是实现公共利益的最大化。从食品安全突发事件中政府信息公开的要素出发，主要表现为信息发布的主体、信息公开的内容以及信息公开的程序等方面都符合公众预期的基本要求。

6.2.1　主体要求：广泛性与交涉性

为了满足公众知情权的需求，政府信息公开回应型模式应当采取相应的措施广泛地了解社会公众的所思所想，这就要求实现公众的参与。当然，在本源意义上，政府广泛地占有和支配信息资源，因此在信息公开中居于主导地位，发挥着引领作用，但公众的积极参与必不可少。此处，主体的广泛性

---

① 李思艺：《信息公开与 Records 管控关系研究：基于英国信息专员任命的视角》，载《档案学研究》2018 年第 4 期。

② 马海群、王英：《英国 Publication Scheme 的发展及其对我国大学信息公开的启示》，载《情报科学》2010 年第 3 期。

③ 张键、吕元礼：《新加坡政府民意吸纳与反馈机制——以民情联系组为例》，载《学习月刊》2010 年第 29 期。

强调除政府以外的其他主体通过各种方式实质参与到政府信息公开中，以便影响和提升信息公开的质效。其他主体大体可分为三类，即普通民众、新闻媒体以及社会组织。公众原本是政府信息公开的权利主体，也是信息的接收者，但公众同时可成为信息公开的参与者，这主要表现在两个方面。一是将自己掌握的第一手信息及时提供给政府部门，确保政府部门的信息来源全面可靠；二是对政府提供信息的行为进行监督和意见反馈，防止信息失真或信息误导。在食品安全突发事件中，这一点尤为必要，因为公众是食品安全问题的直接承受者，有着强烈的参与动机和参与需求。新闻媒体是指通过特定媒介向公众发布信息的服务群体，既包含广播电视、报纸杂志等传统媒体，又包含门户网站、自媒体等互联网平台。新闻媒体的触角遍布全社会，时刻关注着社会的风吹草动，既能够向公众提供反映社会动态变化的专业化、系统化的信息，也可以将政府信息广而告之，因而成为上情下达、下情上达的重要载体。[1] 社会组织的涵盖面更广，可以是类似消费者保护协会、环境保护协会等的公益组织，也可以是餐饮协会、食品生产者协会等这样的专业组织，还可以是法学会、律师协会、从业人员协会等半官方的协会，其可以凭借较为中立客观的立场，通过各种方式向政府表达成员的信息需求，亦可以将政府需求及时传达给组织成员，还可以对食品生产者、经营者进行第三方监督和评价，通过社会力量提升食品安全质量。因此，可以说，政府以外主体的广泛参与、有效影响和积极互动，构成政府信息公开回应型模式的基本要求。

6.2.2　内容要求：准确性与全面性

在信息科学领域，信息的内在价值与使用价值始终跟随客观世界的运动而转移变化，并表现出类似有机生命体的周期性运动特征[2]，而信息的内在价值和使用价值是通过信息内容实现的。食品安全突发事件中政府信息公开是多阶段持续进行的行政行为。按照生命周期理论，食品安全突发事件可分为事件预警、事件处置和事件善后三个阶段，这意味着事前、事中和事后三

---

[1] 叶皓：《从被动应付走向积极应对——试论当前政府和媒体关系的变化》，载《南京大学学报（哲学·人文科学·社会科学版）》2008年第1期。

[2] 游毅、索传军：《国内信息生命周期研究主题与趋势分析——基于关键词共词分析与知识图谱》，载《情报理论与实践》2011年第10期。

个环节都存在信息公开问题。回应型政府信息公开模式强调回应性，信息的价值在于满足事件的不同阶段公众的不同心理需求，实现信息公开的目的。

在突发事件的预警阶段，各种信息线索指向食品安全问题，但尚无损害后果发生或损害不明显。一般来说，公众对食品安全非常敏感，但缺乏相应的知识储备，对信息的掌握和判断处于弱势地位。事前的政府信息公开应当带有宣传和警示性质。一方面要及时归纳和整理以前发生过的相似事件，整合资料、提炼信息，然后及时准确地传递给公众；[1] 另一方面要对社会潜在的各种风险源进行全面的动态监测，并将相关监测信息向公众公开。此外还应向公众普及食品安全突发事件的基本知识、防护知识等，提高公众对突发事件的防范意识和心理承受能力。

突发事件的应对阶段，相关矛盾的积累突破临界值并迅速向周围扩散，公众一般处于比较焦虑和恐慌的状态。此时政府应当发布突发事件的应对举措，如应对危机的组织、危机的干预措施、危害救治或补偿方法、事件的调查处置等；此外还应公布突发事件的起因、影响范围、严重程度、造成的危害以及公众的生命财产损失等。公众通过政府公开的信息选择自己想了解的内容，满足了公众的知情权。

在突发事件的善后阶段，绝大多数危机已经化解，社会基本回归稳定，公众也逐渐回归正常生活，此时政府应当实事求是地总结和反思，全面公布事件的调查处理和责任追究情况，避免类似事件再次发生的措施，从而赢得公众信任，恢复被食品安全事件破坏的社会环境。因此，每一阶段的政府信息公开都应做到信息内容准确、全面，充分满足公众对信息的知情权。

6.2.3　程序要求：及时性与持续性

根据《政府信息公开条例》的规定，大多数政府信息属于主动公开的范畴，食品安全突发事件中的政府信息基本属于这一类。但相关信息是如何产生的、多久公开、如何公开、公开的步骤有哪些，法律并未作出明确的规定。按照政府行为的实施流程，信息公开一般会经历信息形成、公开决策、信息

---

① 刘芳：《重大突发事件政府应急信息发布研究》，湘潭大学 2012 年硕士学位论文。

发布、信息反馈与再次公开等环节。由于事件具有突发性，留给政府反应的空间较小，因此食品安全突发事件中政府应尽可能地简化信息公开的程序。此外，不同于一般的行政行为，突发事件中政府信息公开不是一次性行为，而是一个持续不断的过程。整体而言，食品安全突发事件中政府信息公开大体上应包括提出—发布—反馈等环节，从提出到反馈形成一个开放的循环体系，依循先内后外的逻辑顺序进行。

提出，是政府信息公开的首要环节，必须多部门配合和联动。由于食品安全突发事件牵扯范围广，涉及较多的专业领域，因而应由市场监管、卫生健康、应急管理、宣传管理、网络管理等各部门联合参与，且并不排斥对各部门专家意见的采纳。发布，是政府信息公开的核心环节，信息的形成可以集众智从而保障信息的全面，但发布必须统一由一个部门执行，避免因主体多元化而降低信息公开的准确性、权威性。这个部门不仅是信息发布的主体，而且需要承担信息收集、审核的责任，避免信息缺失和信息失真。反馈，这一环节是由政府信息公开的回应性以及信息流通的本质决定的。政府信息公开必须重视公众意见之收集，并根据收集的意见做好再次公开，该环节能提升信息公开的针对性，最大限度地满足公众的需求。如前所述，新加坡就专门设立了民意反馈组织，公民对政府行为之反应很快会通过民意反馈组织成为影响政府决策的新动力。

在食品安全突发事件中，政府信息公开应该及时高效。一方面避免了错误信息产生的恐慌，维护社会正常秩序；另一方面能使民众根据信息做好相关准备和预防工作，提升突发事件应对能力。因此，就政府信息公开回应型模式而言，信息公开程序的及时性与持续性是食品安全突发事件中政府信息公开的必然要求。

6.3 政府信息公开回应型模式的现实阻梗

如前文所述，我国食品安全突发事件实践中，政府信息公开虽然呈现迈向回应型模式的倾向，也带有该模式的特点，但整体上还属于压力型模式。客观上，政府信息公开回应型模式之构建仍存在多方面的现实阻梗。

6.3.1　观念意识较为滞后

作为信息系统中的重要信息源，政府对信息的支配和主宰地位是任何其他组织、团体、个人所无法取代的。政府对信息公开的态度和立场从根本上影响和决定着信息公开的实践。从前文的调查数据及案例分析可以看出，当前政府工作人员的观念、意识存在明显滞后的情况，这主要表现在危机应对和风险意识不足，对食品安全突发事件存在侥幸和麻痹的心理，认为发生的概率不高，甚至有人认为即便发生了，也可以掩盖事实、蒙混过关，借以逃脱责任，怕给政绩带来不利的影响。在此种心理的支配下，有的工作人员在事件发生前不重视食品安全预警信息的收集、整理、评估和公开，事件发生后为了保护政绩和维护自身利益，阻挠新闻媒体等社会组织发布信息，或者为避免担责，没有选择在第一时间向公众告知事件实情。① 此外，观念滞后还表现在很多政府工作人员的家长意识浓厚，对公众知情权不够重视，甚至漠视，对于是否公开信息、如何公开信息完全基于工作便利和管理效率进行考量，担心信息公开后，出现连锁反应引起更多的社会矛盾，这不仅导致政府信息公开公众诉求得不到满足，信息公开质效不高，还直接妨碍了公众对政府信息公开的参与度，严重影响了政府的公信力。

6.3.2　立法供给相对不足

本书认为，迈向政府信息公开回应型模式是基于对以往立法现状与实践运作之深刻反思而作出的重大方向调整，这必须以完备的立法供给为支撑。如前所述，近年来，我国在政府信息公开立法领域取得了长足进步，中央层面相继出台了《档案法》《政府信息公开条例》《国务院办公厅关于做好政府信息依申请公开工作的意见》《关于全面推进政务公开工作的意见》等一系列法律法规及规范性文件，地方层面的立法也不少，有些甚至走在了国家立法的前面，比如 2002 年通过的《广州市政府信息公开规定》、2004 年通过的《上海市政府信息公开规定》、2004 年通过的《深圳市政府信息网上公开办法》等。即便如此，现有立法仍存在系统性不够、空白之处较多、操作性不

---

① 徐信贵：《食品安全监管中存在的权责问题及其化解方式》，载《理论探索》2014 年第 4 期。

强等诸多缺憾,有待进一步完善。不仅如此,从立法体系完整性与立法内容导向性来看,也存在明显不足,无法满足构建政府信息公开回应型模式之所需。

从立法体系的完整性看,关于食品安全突发事件中政府信息公开的主要立法是《政府信息公开条例》《突发事件应对法》以及《食品安全法》。作为规制政府信息公开的专门法律,《政府信息公开条例》具有统领性的法律地位,但其行政法规的性质导致其难以统领作为法律的《突发事件应对法》和《食品安全法》。《突发事件应对法》和《食品安全法》仅从各自立场出发对政府信息公开作出规定,这些规定相互之间配合度、互补性差,难以形成制度合力。比如,《政府信息公开条例》第十九条和第二十条规定,对涉及公众利益调整、需要公众广泛知晓或者需要公众参与决策的政府信息应当主动公开,据此,行政机关应当主动公开突发公共事件的信息,但对于信息公开的内容、时间、范围和救济措施等的规定都不够具体和完善。食品安全突发事件作为突发事件之一种,可以依据《突发事件应对法》进行信息公开,但是该法仅在第二十条、第三十七条以及第五十三条中分别规定县级以上地方各级人民政府应当按照国家规定将登记的危险源、危险区域及时间向社会公布,中央及地方政府分别建立突发事件信息系统,以及履行统一的领导职责或者组织处置突发事件的人民政府的信息发布职责等内容,其余涉及政府信息的条款主要涉及信息在政府内部的报送、报告和通报,不适用于信息的对外公开。《食品安全法》作为食品安全领域的基本法,也对突发食品安全事件和政府信息公开有所涉及。该法第六条规定了食品安全突发事件应对工作以及建立信息共享机制,但并未写明突发事件中的信息公开,只是在后面的条文中从重大事故发生的角度作了笼统的规定。由此可见,当前分散性的立法规定很难支撑政府信息公开从压力型模式迈向回应型模式。

从立法内容的针对性看,回应食品安全突发事件中公众知情权需求的立法供给明显不足。虽然《宪法》第二条、第十九条、第二十七条、第三十五条、第四十条、第四十一条等都包含了保护公民知情权的相关内容,但是《宪法》却没有明确使用知情权这一概念。其他立法,如《政府信息公开条例》和《突发事件应对法》也仅仅规定了突发事件应对中有关主体的信息公开的义务，缺乏从知情权角度进行规定的内容，这就使得对公众权利之保障，由于缺乏明确的立法规定面临被压缩的境地。此外，《政府信息公开条例》以明确列举的形式确定了政府信息公开的范围，但同时又规定了公开的限制条件。由于限制条件没有明确的法律界定，再加上缺乏具体的操作指引，这给行政机关自由裁量留下了很大空间，公开什么以及对谁公开完全取决于政府的态度。① 实践中，很多政府部门在并不否认负有信息公开义务的前提下，以超出信息公开范围为由拒绝公开信息。由此可见，立法内容的针对性不强构成了政府信息公开回应型模式之构建的严重阻碍，应当予以重视和完善。

6.3.3　体制机制有待改进

体制机制是由组织形式、权责分配、主体关系以及各部分相互关系所构成的有机整体。食品安全突发事件中政府信息公开回应型模式之构建是国家治理现代化的内在要求，相关体制机制的配套和完善是保障其得以实现的关键。受传统观念以及社会环境的影响，我国在政府信息公开具体体制机制的建设上还存在不少问题，尚未做好向回应型模式转型的准备。这种体制机制的不完善，首先表现在组织形式上事权分散，相同的社会管理职能分属于不同的行政部门。比如，根据调查数据显示，全国 31 个省、自治区、直辖市中，主管政府信息公开的部门分别设置在办公厅、监察部门、政府法制部门或者信息化部门等，而不同行政机关指定的负责政府信息公开的机构也有所不同，有的是新设一个机构，有的则指定现有机构兼责办理，如办公室、新闻处、宣传处等。② 负责政府信息公开的主体分散化带来的问题就是公开的效率降低，信息质量无法得到保证。其次，体制机制不完善表现在权责分配中职责不够明确，法律并未将违反规定所承担的责任定位到人，而是采用"行政机关的主管人员"和"其他直接责任人员"等模糊概念，这也引发了实践操作中的相互推诿或追责困难。再者，体制机制不完善还表现在政府部门与其他参与主体间缺乏良性互动，政府与公众之间缺乏有效的信息交流平

---

① 黎万和、李克龙：《社会稳定视角下突发公共事件信息公开研究》，载《湖南社会科学》2013 年第 3 期。

② 谭九生、任蓉：《政府信息公开实效性的行政保障机制——以系统论方法为视角》，载《情报杂志》2012 年第 12 期。

台。当前，虽然行政机关在信息公开过程中开始注重新媒体的运用，但缺乏对涉及群众切身利益或需要公众广泛知晓的政府信息的精细解读。[1] 政府与新闻媒体、自媒体仍然是控制关系而非合作关系，媒体议程设置受到权力的广泛干涉。最后，体制机制不完善还表现为信息公开的监督问责机制不完善。综观现有立法，对媒体与公众如何监督信息公开，行政机关内部怎样问责，信息公开不全面、不及时、不准确应承担何种法律责任等缺乏富有操作性的具体规定，这明显不能适应构建回应型模式的现实需求。

---

[1] 曲茹、于珊珊：《移动互联网时代政务新媒体的创新传播路径研究》，载《新闻与写作》2020 年第 2 期。

第七章　我国食品安全突发事件中政府信息公开回应型模式之实现

我国食品安全突发事件中政府信息公开回应型模式之构建具有历史必然性与现实可行性。针对前文所述的现实阻梗，未来应当在观念更新、立法方式调整、制度变革及配套机制等方面有所突破。

7.1　观念的更新：从权力本位转向以民为本

思想是行动的先导，是制度变革的前提条件。政府信息公开回应型模式之实现首先需进行观念的更新，即从权力本位转向以民为本。权力本位的观念在我国根深蒂固，有着上千年的历史，其来源于先秦时期的"官本位"政治文化。改革开放以来，尽管随着政治体制改革与经济社会的不断发展，权力本位的思想有所弱化，但仍然存在不容忽视的巨大影响，主要表现在行政权力的触角涉及社会生活的方方面面，上级对下级有着绝对的支配权，政府对民众的单向度管控等。这在政府信息公开中主要表现为行政机关对信息是否公开、怎样公开有着绝对的话语权和过大的自由裁量权。

以民为本的思想在中国有着悠久的传统，早在西周时期，《尚书·五子之歌》中就提出了"民惟邦本，本固邦宁"。党的十八大以来，习近平总书记多次强调，中国共产党人的初心和使命，就是为中国人民谋幸福，为中华民族谋复兴；人民对美好生活的向往，就是我们的奋斗目标，并明确指出："以人民为中心的发展思想，不是一个抽象的、玄奥的概念，不能只停留在口头上、止于思想环节，而要体现在经济社会发展各个环节。"① 《中共中央关于全面推进依法治国若干重大问题的决定》中强调要恪守以民为本、立法为民的理念，并明确提出，法治建设要"以保障人民根本权益为出发点和落脚点，保证人民依法享有广泛的权利和自由、承担应尽的义务，维护社会公平正义，促进共同富裕"。党的十九大报告则将"必须坚持以人民为中心的发展思想，不断促进人的全面发展、全体人民共同富裕"确定为习近平新时代中国特色社会主义思想的重要内容。当前，伴随着市场经济的日益成熟和完善，我国民主化进程不断加快，公众的主体意识不断加强，公众对知情权、参与权、表达权、监督权的需求也日益提升。与此同时，信息网络的发展创造着新的工作方式、生活方式和思维方式，这些也为公众权利意识的觉醒和实现提供了强大的技术支撑，权力本位的思想在新时代已变得不合时宜，急需调整和转变。

从权力本位向以民为本的转变，意味着个人不再仅仅是权力实现其社会政策的工具，意味着为了国家和社会利益，可以不惜牺牲个人利益的泛道德哲学应当逐步退出历史舞台，意味着社会管理活动中权利对权力、权力之间的有效监督和制约，意味着"为达目的不择手段"的唯结果论、程序工具论的彻底解体和消亡，意味着制度设计中要体现一种人文关怀，这种"人文关怀来自于人文精神，表达了这样一种观念，即对真实的个人的价值与尊严、人格与精神、生存与生活、现实与理想、命运与前途的真情关切"。② 就食品安全突发事件中政府信息公开而言，以民为本的理念要求行政机关高度重视民众的知情权和参与权，以积极主动的立场及时、全面、准确地进行信息公开，同时还应在信息公开中主动了解公众需求、广泛集中众智、充分反映民意，改变公众被动接收信息的状况，实现信息公开质效的全面提升。

---

① 习近平：《在省部级主要领导干部学习贯彻党的十八届五中全会精神专题研讨班上的讲话》，人民出版社 2016 年版，第 24 - 25 页。
② 孙万胜：《司法理性、经济与司法良知》，载《法治日报》2001 年 5 月 27 日，第 3 版。

7.2　立法方式的调整：一般法律与专门法律相结合

逻辑清晰、结构完整的法律框架是食品安全突发事件中政府信息公开有效运作的基本前提，因为能否找到与规范的内容相匹配的立法方式，是决定立法内容科学性、完善性以及立法效果的重要保障。[①] 我国政府信息公开立法始于地方政府的创新试点，推进过程中面临的一大困境便是缺少专门的、高层次的、明确的法律作为依据。为了实现回应型模式之构建，应当对现有立法方式进行调整。在这一问题上，大体有统一立法与单独立法两种方式。

一是统一立法模式。我国政府信息公开法制建设已经走过了由地方颁布地方性法规、地方性规章的第一阶段，进入了由国务院制定行政法规的第二阶段，但还没有迈入由全国人大制定法律的第三阶段。[②] 政府信息公开立法属于对行政机关职责、义务进行规定，而这种规定应由依据宪法制定的法律来做出，这是法律保留原则的应有之义。所以，部分学者认为《政府信息公开条例》作为行政法规，层级太低，只能是过渡时期的产物，未来国家需要制定"政府信息公开法"统一规制政府信息公开行为。

首先，"政府信息公开法"的出台有现实必要性。《政府信息公开条例》自 2007 年施行以来，推动着我国政府信息公开实践不断深入发展。但不可否认的是，《政府信息公开条例》还存在不少瑕疵，操作性和针对性也不强，比如缺乏对突发事件中政府信息公开内容之规定。此外，由于《政府信息公开条例》法律位阶等级不高，在和其他高位阶立法如《保密法》《档案法》《传染病防治法》的规定不一致时，存在适用上的困难，导致行政机关的自由裁量权过大，倾向于选择对权力行使有利的规定，导致民众的合法权益得不到充分保障。其次，"政府信息公开法"的出台也有现实可行性。一方面，许多国家的相关立法起步较早，在立法和制度设计层面经过多年的沉淀，已有了较为先进的经验，这些经验可以为我国立法提供有效且实用

---

① 徐汉明、申政：《论经济犯罪立法模式的现代化》，载《湖北警官学院学报》2017 年第 1 期。
② 梅文慧：《信息发布与危机公关》，清华大学出版社 2013 年版，第 2 - 3 页。

的借鉴。另一方面，随着 21 世纪以来我国政府对信息公开工作重视度的不断提升，围绕《政府信息公开条例》之实施也积累了丰富的实践经验，这些经验经过整理、提炼和升华，能够成为"政府信息公开法"出台的重要助力。

本书认为，采用统一立法模式能够为民众知情权提供强有力的保障机制，为民众了解政府信息提供完善、统一的法定标准，加之法律由国家强制力保障实施，因此权威性是其他规范所无法比拟的。然而，包括食品安全突发事件在内的各类突发事件中的政府信息公开具有很强的特殊性，如若采取统一立法模式，在"政府信息公开法"中规定相关内容，则需要对立法结构、立法内容进行精心设计和妥当考量，立法难度大，在较短时间内出台的可能性不大。

二是单独立法模式。在一部"政府信息公开法"无法科学地规定突发事件中政府信息公开事宜的背景下，有学者支持对该问题进行单独立法。就食品安全突发事件中的信息公开来说，我国尚未制定专项法律、行政法规或是部门规章。结合其他突发事件中的立法经验，有人提出可由国务院负责食品安全事件应对的部门专门制定"食品安全突发事件信息公开办法"。

具体而言，在食品安全领域，卫生部、农业部、商务部于 2010 年 11 月颁布过《食品安全信息公布管理办法》，对食品安全信息公布的主体、内容等有了大致的规定，可以在此基础上加入食品安全突发事件的相关内容。与食品安全突发事件类似，在环境类突发事件领域，原国家环保部先后出台了《突发环境事件信息报告办法》《突发环境事件调查处理办法》等多个部门规章，对提升突发环境事件中信息公开质效产生了积极作用。在吸收以上立法成功做法的基础上，结合各地食品安全突发事件政府信息公开的实践经验，出台一部"食品安全突发事件信息公开办法"具有较强的可行性。相比将该问题单纯地纳入"政府信息公开法"进行规制而言，制定"食品安全突发事件信息公开办法"能够充分考虑特定环境中信息公开在主体、时限、内容、方式、程序等方面的特殊性，作出有针对性的制度设计，便于实践操作。但与此同时，由于部门规章的位阶等级较低，则可能会出现地方政府是否遵守适用，与其他立法规定发生冲突时如何处理等无法回避的内在缺憾。

理想状态下食品安全突发事件中政府信息公开的法律架构应由以下三部分组成：一是在宪法层面，将公民知情权纳入宪法条文中予以明确，确保政府回应民众的诉求具有最权威的渊源和出处；二是在法律层面，国家制定政府信息公开基本法，在整体上规范和调整政府信息公开行为，其基本原则、基本模式适用于食品安全突发事件中的政府信息公开活动；同时在食品安全基本法里明确规定食品安全突发事件中政府信息公开制度的主要内容，包括但不限于公开主体、公开内容、公开对象、公开时限和公开程序等问题；三是在行政法规或部门规章层面，制定食品安全突发事件政府信息公开条例或办法，具体地对食品安全基本法中有关信息公开的主体、内容、对象、时限、程序等内容进行细化，使相关规定具有操作性。这样的一个体系，可以称之为普通法与特别法相结合的二元立法模式，即政府信息公开法用以全面规范政府信息公开工作，食品安全法、食品安全突发事件政府信息公开办法用以具体规定相关事项。

要实现这种二元立法模式，首先，需提升政府信息公开基本法的层级。如前所述，《政府信息公开条例》作为一部行政法规，效力层级较低，在实践中已经引发操作层面的诸多困境，因此需要制定"政府信息公开法"。在这部法律中，除了对日常状态下政府信息公开行为进行调整外，还应单列一章规定突发事件中的政府信息公开，涵盖信息公开涉及的基本事项。其次，需要修订《食品安全法》，在吸收整合《传染病防治法》《防震减灾法》《突发公共卫生事件应急条例》等法律法规相关规定的基础上，遵循"政府信息公开法"的基本原则和基本内容，对食品安全突发事件中政府信息公开的内容作出特别的具体规定。由此，《政府信息公开条例》与《食品安全法》在有关食品安全突发事件信息公开问题中的关系类似于《行政处罚法》与《治安管理处罚法》之间的关系。最后，由国务院或者国务院卫健委在《食品安全法》的基础上，制定行政法规或部门规章，细化食品安全突发事件中信息公开的操作规则，作为行政机关开展工作的基本遵循。如此，才能从立法层面搭建完整的制度体系，奠定食品安全突发事件中信息公开回应型模式的坚实基础。

7.3 制度的变革：以时间为轴的规则设计

如前所述，以时间为轴，可以将食品安全突发事件分为预警阶段、处置阶段、善后阶段，在此基础上，根据回应型模式之要求，对各阶段信息公开的主体、内容、对象、时限、程序的规定都应当有针对性地加以制度设计。

7.3.1 事件预警阶段

在突发事件预警阶段，信息公开的时效尤为重要。如能在第一时间掌握监测信息，分析食品安全突发事件暴发的可能性，并根据专业知识拟定相关的科普预警信息进行发布，能够在很大程度上预防突发事件的发生、消除突发事件可能带来的不良影响、减少公民因突发事件而可能产生的损失。[1] 而现有立法却没有系统地、全面地对食品安全突发事件预警阶段政府信息公开事宜做出规定，这就使得此阶段的政府信息公开工作难以找到操作准则开展工作。所以，未来首先需要在政府信息公开法、食品安全法、食品安全突发事件政府信息公开办法等立法中对预警阶段政府信息公开的内容予以完善，保证政府信息公开工作能够有法可依。

一是信息公开的主体。完善食品安全突发事件预警阶段中政府信息公开的立法规定需分两步走：第一步，在"政府信息公开法"中对突发事件预警阶段信息公开的主体予以明确。第二步，依据食品安全突发事件预警阶段的自身特点，在食品安全法或食品安全突发事件政府信息公开办法里对信息公开的主体进行细化规定。

就一般性突发事件的预警阶段而言，根据职责分工，政府有多个行政机关在日常履行职责过程中都能或多或少地监测、收集到一些与突发事件暴发相关的风险信息，这些信息经相关部门专业研判后就能形成初步警示信息。因此，负责监管各类突发事件的行政机关作为掌握第一手预警信息的主体，当然可对外发布预警信息。此外，发现风险信息的专业机构、监测网点和信

---

① 于晶：《突发公共事件信息发布的传播效果研究》，群众出版社 2013 年版，第 47 - 49 页。

息报告员也应及时向所在地人民政府及有关主管部门报告信息，所以事件发生地的人民政府也可作为预警信息的发布主体。故在"政府信息公开法"中需要明确突发事件发生地的人民政府及负责监管此类事件的行政机关都可作为突发事件预警阶段信息的公开主体。由于突发事件影响程度与范围区别较大，因此国务院及所属各部委可根据突发事件之分级来确定哪一级别的人民政府或行业主管部门来对外发布预警信息。

就食品安全突发事件来说，当前实践中，预警阶段各级农业、卫生等部门在日常监测中若发现有苗头性、倾向性的风险因素可能引发食品安全突发事件时，都会在第一时间通报同级的食品安全监管部门。而食品安全监管部门有着长期的食品安全监管经验，对于一些高发性的因素较为敏感，其在日常工作中也会针对相关风险因素进行监测，这就决定了食品安全监管部门通常能迅速地获取预警信息。同时，食品安全监管部门往往有针对食品安全突发事件的应急预案，在监测、收集到风险信息后能迅速组织有关专业技术人员对信息进行分析研判，进而预估事件可能的发展趋势、危害程度、影响范围。不仅如此，食品安全监管部门拥有专业技术人才及专业设备，且掌握最新的食品安全技术信息，因此有能力、有动力编撰权威的食品安全科普信息对外发布，在提升民众科学素养的同时，引起民众对食品安全问题的高度重视。因此，为了更好地保证食品安全突发事件中预警信息公开的及时性、准确性、权威性，建议在"食品安全突发事件政府信息公开办法"中规定，根据事件级别，由县级以上（含县级）人民政府食品安全监管部门统一负责发布食品安全预警信息。具体而言，影响范围在县域之内的预警信息，由县级食品安全监管机构发布；跨县域的预警信息，由市级食品安全监管机构发布；跨市域的预警信息，由省级食品安全监管机构发布；跨省域的预警信息，由国务院食品安全监管机构发布。

二是信息公开的内容。预警阶段信息的公开要达到预期效果，需保证公开的信息内容全面、有效，相关预警信息能够让民众较为全面地了解可能发生的食品安全突发事件的性质、危害后果与影响等，在引起民众充分重视的同时指导民众采取科学有效的应对措施。

具体到食品安全突发事件来说，当食品安全监管部门识别到风险信息并加以研判后认为可能发生食品安全突发事件时，需要向公众公开如下信息：其一，食品安全风险预警信息，包括存在的或潜在的影响食品安全的有毒有害因素，有较高安全风险的食品类别及可能造成的损害后果；其二，预警的级别，包括风险因素的影响范围，政府的定性与级别划分；其三，食品安全突发事件应急预案，主要指政府部门事先已拟定的应对方案；其四，民众应当注意的事项，可以采取的应对措施及相关的防范常识；其五，政府部门接收民众信息反馈的渠道，包括联系人、联系电话、联系邮箱等。以上预警信息之发布，可以让公民了解潜在的食品安全风险并采取科学有效的防范措施，且能在最大程度上减少食品安全突发事件暴发所带来的不利影响，甚至可以达到将食品安全突发事件扼杀在摇篮中的效果。

三是信息公开的对象。食品安全突发事件预警信息发布的预期目标是让普通民众能尽快知晓相关信息，知悉可能出现的后果并根据预警信息采取科学有效的防范措施。因此，食品安全突发事件预警阶段政府信息公开的对象应该尽可能广泛，让尽可能多的人都了解和知道，特别是在风险因素较高的地区更是如此。对于经综合风险研判后，行政机关认为有较大可能暴发食品安全突发事件的区域，应当采取必要措施，确保该区域内民众收到相关预警信息。对于影响范围和波及面可能跨县、市、省，甚至影响全国的食品安全突发事件，则其影响范围内的所有民众都属于政府信息公开的范围。此外，食品安全信息具有一定的专业性，为了确保预警效果的最大化，政府部门还应注重通过解释、说明等方式配合展开信息公开工作。

四是信息公开的时限。食品安全突发事件出现前期征兆后，政府信息公开之目的在于预警，这就意味着要将预警信息在最短时间内传递给目标人群，因此公开的时限尤为重要。未来制定"食品安全突发事件政府信息公开办法"时应对政府公开预警信息的时间要求作出明确规定。在我们看来，监测、收集的风险信息经市场监管部门初步研判后，如果能够得出可能暴发食品安全事件的结论就应及时公开。但由于不同事件从信息监测、收集到研判所需的时间长短有所不同，特别是食品安全事件往往还涉及很复杂的专业性检测、鉴定与病理分析、诊断，所以不能简单地认为预警信息越早发布越好，立法应当规定的是最长的时限要求。实践中，我国部分地方的规范性文件对此有过规定，比如深圳相关应急预案规定的时限为 2 小时，贵州则规定 3 小时。从当前食品安全突发事件应对的实际需求出发，参考地方实践经验，笔者认为在预警信息被核实后的 4 小时以内发布较为合理。这里的 4 小时是最低要求，对信息公开主体而言，如果能更早发布当然更好，更有利于应对食品安全突发事件。此外，预警信息还需在一个统一、权威、公开的平台进行发布，以方便民众迅速、便利、全面地接收和检索。

五是信息公开的程序。如前所述，在食品安全突发事件预警阶段，政府信息公开的主体应是各级政府部门的市场监管部门，因此，其他政府部门在发现可能存在的风险信息后，应该立即向当地市场监督管理部门通报，同时上报至同级政府。市场监管部门在接到风险信息后需对相关信息汇总、甄别，必要时组织应急管理部门、卫生健康部门、网络信息管理部门进行会商和研判，分析是否可能暴发食品安全突发事件，影响的区域和范围有多广，后果怎样等。然后根据研判结果在本行政区划范围内进行公布。当发现食品安全事件影响范围可能跨行政区域时，应当及时上报上级食品安全监管部门，由上级单位再次研判后决定是否在更大范围公布预警信息。当然，无论政府内部管理体系和协调机制如何运转，是否需要经办人员、审核人员、部门领导、单位领导、政府分管领导签字确认，都应该尽可能缩短决策环节。

7.3.2　事件处置阶段

食品安全突发事件进入处置阶段后，此时事件已经引起了社会上的广泛关注，民众生命财产受到损害，负面影响迅速扩大，社会秩序遭到破坏。由于大部分民众都不具备专业的食品安全知识，常常不能在第一时间对突发事件做出准确判断并采取有效措施进行防控，此时若不及时与公民进行信息沟通交流，则极易引起群体性误解与整体性恐慌。因此必须通过完备、科学的立法规定指导政府信息的公开，通过对普通群众的回应和交流来减少因信息不对称而造成的不良后果。[①]

一是信息公开的主体。食品安全突发事件发生后，各地政府一般依据应

---

① 齐爱民、陈琛：《论政府信息公开立法的核心问题》，载《贵州大学学报（社会科学版）》2005 年第 4 期。

急预案组织各部门人员共同组成应急处置领导小组（或应急指挥部），在当地党委、政府统一领导下开展工作。不同部门会严格依照行政机关内部的信息报告制度在规定的时间内逐级上报至领导小组，报告内容包括事件发生的概况、信息来源、先期处置情况、已经造成的人员财产损失、未来的发展趋势等，且随着事件的发展各相关部门还要进行续报、终报，这决定了领导小组对有关食品安全突发事件的信息掌握得最为全面、及时。与此同时，在食品安全突发事件处置阶段，政府各部门采取的应对举措、患者的救治情况、物资使用情况等信息也汇总于领导小组，或者由领导小组统一组织实施。因此，从逻辑上讲，领导小组是政府信息公开最合适的主体。但由于领导小组本身不是独立行使行政职权的行政主体，是跨部门、跨领域的临时机构，有时甚至还有党委部门、军队、武警等单位的人员参加，因此领导小组不宜成为信息公开的主体。考虑到领导小组之权力来自同级党委、政府的授权并接受党委、政府的领导，且小组负责人基本由同级政府的主要领导担任，因此在这一阶段，县级及县级以上的人民政府应当成为信息公开的主体。

具体而言，对于县域范围内的食品安全突发事件，在事件处置阶段由县级人民政府统一对外发布事件信息，乡镇人民政府、街道办事处等基层政府不能发布信息。当事件的影响超出县级人民政府所管辖的行政区域时，则根据影响范围，由市级、省级人民政府发布信息。对于在全国范围内产生重大影响的食品安全突发事件，则应由国务院，或者国务院授权的机构，如应急管理部、国家卫健委、国家市场监管总局等对外发布信息。只有这样，才能保证信息公开的全面性、权威性和统一性。当然，将政府作为信息公开的主体，并不意味着政府所属部门在信息公开过程中无所作为，其应在政府发布的信息的基础上，对相关信息内容、含义做必要的宣传、解读，同时在职权范围内采取有效的措施，将信息广而告之，扩大信息的受众面和传播效果。

二是信息公开的内容。突发事件发生后，从调查、处置到最终平息常常需要一定的时间，在这个过程中由于获取信息的渠道存在差异，民众和政府所掌握的信息往往是不对等的。因此为了应对事件，更好地维护社会秩序，在突发事件处置阶段政府信息公开的内容应至少包含两个模块。其一是持续公开事件本身的情况，包括但不限于事件概况、产生原因、已经造成的影响、发展趋势、民众可以采取的应对措施等；同时还应该根据舆情监测结果持续、全面地回应民众密切关注的问题。其二是持续公开政府处置应对情况，包括但不限于已经和将要采取的措施、人员救治情况、调查处理进展、需要民众配合的事项等。政府信息公开应以"公开为常态，不公开为例外"，故在此阶段相关信息应该最大限度地公开。[①] 食品安全突发事件作为突发公共卫生事件之一种，在处置阶段信息公开的内容时也应包含以上两个模块。但稍有不同的是，由于食品安全事件常常涉及比较专业的食品科学知识，因此政府不能只是简单地公开信息，还应特别注意对其中专业性强的内容进行解读，必要时邀请专家教授、行业权威人士进行普及宣传。

三是信息公开的对象。食品安全突发事件处置阶段信息公开的目标主要有两个方面，一方面是及时公开事件信息，避免民众恐慌，稳定社会秩序，进而避免损害结果的扩大化；另一方面是全面公开政府采取的应对措施，取得民众支持与配合，尽快地平息事件，将损害后果控制在最小范围内。此阶段，所有已经或可能受到食品安全突发事件影响的普通民众都属于政府信息公开的对象。当然，就其他地区或区域的民众而言，基于食品安全事件在一定程度上与每个公民的生命健康紧密相关，故公民有获知信息的权利，但这种权利是宪法意义上的普遍权利，不具有特定性和针对性，故不是政府信息公开需要重点关注的权利，不属于政府信息公开对象的讨论范围。

四是信息公开的时限。由于不同突发事件在信息搜集、甄别、调查、整理中花费的时间各有不同，因此《政府信息公开条例》中不便对公开时限作出严格的要求，只是简单规定属于主动公开范围的政府信息，应当自该政府信息形成或者变更之日起 20 个工作日内及时公开，这显然不能满足应对食品安全突发事件之需要，应当在类似"食品安全突发事件政府信息公开办法"这样的单行立法中加以明确。在食品安全突发事件处置阶段，鉴于事件应对具有紧急性、紧迫性，政府信息公开的时限应当以小时计算。理由在于事件发生以后，各类真假难辨的消息快速地进入公众视野，各类谣言也乘机在普

---

① 吴卫军、邢元振：《我国突发事件中的政府信息公开：现状与变革》，载《西南科技大学学报》2011 年第 2 期。

通民众中散播开来。此时正处于信息真假极不确定的真空时段，此时段往往也是抢占舆论的最佳时机。根据信息传递的"首因效应"原则，第一时间发出的声音容易先入为主，对民众的影响更大，因而也是政府发布权威消息的最好时段。前文中，我们将预警阶段政府信息公布的时限限定为信息被核实后4小时以内，处置阶段情况更紧急，因此可以考虑限定在信息被核实后2小时以内应当对外公开，同时考虑事件应对难度及专业性问题，应当要求信息公开主体在事件发生后24小时以内召开新闻发布会或媒体会，对政府处置情况进行全面公开，同时详细回应民众对事件的信息诉求。此外，借鉴2020年以来我国应对新型冠状病毒感染的成功经验，考虑食品安全突发事件处置具有持续性，还应要求政府至少每隔24小时对外发布更新的信息，确保事件处置的最新情况及时为民众知悉。

五是信息公开的程序。正当程序是行政行为合法、正当的重要内容。政府信息公开的具体操作步骤主要包含信息的收集、审核、审批、发布四阶段。在此基础上，应当根据食品安全突发事件的特性制定一套科学的信息公开程序。一般意义上，食品安全突发事件处置阶段的信息公开的具体步骤如下：各部门、各单位信息汇总至领导小组后，领导小组组织甄别和审核；在核实的基础上，考虑应对事件的需要，提出发布信息的方案及内容报县级以上（含县级）人民政府审批，获批准后对外发布。这些内容主要是行政机关内部的流程，普通民众对此并不关心，因此具体程序可不在相关立法中做明确规定，由各级政府在食品安全事件应急预案中进行详细规定，这样一方面有利于节约立法资源，另一方面有利于各级政府根据实际情况和应对需要及时进行修改调整，确保行政管理工作更加高效有序。

7.3.3 事件善后阶段

在善后阶段，食品安全突发事件基本得到控制，引发的社会危机也基本得到平息，此时政府应急管理工作的重心将转向恢复正常的社会秩序。就突发事件应对而言，此阶段政府最重要的任务是对事件进行全面的调查，查清起因、核实损害、追究责任，同时总结经验教训，避免类似事件再次发生，提升政府管理社会公共事务的水平和能力。在此过程中，立法对政府信息公开的主体、内容、对象、时限、程序也应有不同的规制要求。

一是信息公开的主体。食品安全突发事件的善后阶段，鉴于危机已经基本解除，社会管理逐渐趋于常态，因此政府信息公开的场景已发生重大变化，信息公开的主体也要相应变化。笔者认为，此阶段政府信息公开的主体有两个：一个是县级以上（含县级）人民政府。鉴于食品安全突发事件的基本应对主体是县级以上（含县级）人民政府，在事件处置过程中掌握着最充分、最全面、最直接的第一手信息，由其组织对事件进行调查、处置更为权威，也更加便利和高效。因此，对于事件的整体调查、内部的追责及避免类似事件在本区域内再次发生的预防措施，应当由县级以上（含县级）人民政府对外公开信息。再就是县级以上（含县级）政府的各组成部门。政府组成部门各自行使特定领域的管理职责，在食品安全突发事件中也分别肩负应急处理的重任，因此，对于各部门工作职责范围的事项，比如对违规违法单位的查处、对散布虚假信息的单位和个人的处理、对后续工作的布置安排等，应由各部门根据政府的统一安排依法进行，并将过程、结果及时对外予以公布。

二是信息公开的内容。此阶段政府信息公开的内容，主要包含以下三个方面：首先是食品安全突发事件的调查结果，包含事件起因、演变发展情况、政府应对措施、各方面资源投入及使用情况、损害后果等内容，这有利于公众全面地了解事件情况，进而吸取经验教训。其次是责任单位及个人的处置情况。这里的责任人员既指引发食品安全事件的企事业单位及其工作人员，也包含政府部门内部存在渎职失职行为的公职人员及其所在部门；不仅包括经济层面的赔偿补偿情况，而且还包括对相关单位及人员进行行政处罚、党纪政纪处理，乃至于刑事责任追究的情况。要尽快恢复原有社会秩序，公开突发事件的后续责任单位及个人处置信息是必不可少的手段之一，其不仅能够震慑存在侥幸心理的有关单位和个人，还有助于提升政府的公信力。最后是政府为避免类似事件再次发生采取的预防措施，这包含政府部门从中吸取的经验教训、已经或即将采取的措施、对社会及企事业单位的引导内容等。

三是信息公开的范围。食品安全突发事件的善后阶段，政府应当采取相应的方式方法向本辖区，乃至于全国民众公开相关信息。一方面，唯如此才能使民众全面了解事件真相，确保民众知情权落到实处；另一方面，通过更大范围的信息公开，能够使其他地区（区域）的单位和个人充分吸取经验教训，避免类似事件的发生，有效保障民众合法权益，维护社会正常稳定及有序发展。

四是信息公开的时限。食品安全突发事件的善后阶段，何时公布信息主要取决于调查、处理、预防措施的实施情况。一般而言，从操作层面上分析，只要有关信息已经形成并在政府内部完成了审核报批程序就可以对外公开，因此，笔者倾向于将信息公开的时间点确定为食品安全突发事件调查处置完成后的 15 个工作日内，这样可以预留较充足的时间给政府完成内部的相应程序。

五是信息公开的程序。食品安全突发事件的善后阶段，鉴于事件应对结束、社会逐渐恢复常态，故政府信息公开遵循一般程序进行即可。这意味着，此阶段的政府信息公开照常办理即可，突发事件处置阶段的公开程序已不再适用。

7.4 配套机制的完善：以提升公开质效为核心

政府行政效率，简而言之，就是指以合理的投入获得更多符合社会需求的产品或服务。客观地讲，行政必须是有效率的，只是压力型模式中政府信息公开对效率的取向有着相当的偏颇，将信息公开矮化为政府执行的工具，忽略过程中公众的参与和民意诉求。回应型模式中的政府信息公开是以公众评估作为考量，追求信息及时、便捷高效和完整准确，以此来完善相应的配套机制。

7.4.1 注重传统媒体与新媒体的结合互补

传统媒体与新媒体的结合是当前信息流转的基本趋势，也是应对日益复杂的突发事件网络舆情的必然选择。作为全面回应公众需求的政府信息公开，回应型模式不应忽视这一特殊环境给突发事件应对带来的影响。传统媒体中信息传播速度慢、议程设置受权力干涉以及缺乏互动性等问题固然重要，但新媒体中信息碎片化、内容缺乏深度以及客观性缺乏等问题也不容忽视。新媒体时代，最具代表性的"两微一端"（微博、微信及新闻客户端）在现实中已突破狭隘的信息传播局限，成为为公众提供表达诉求的快捷渠道。传统媒体与新媒体的结合，主要表现在主体层面，要求对突发事件新闻发布时对新媒体加以借鉴和利用。新媒体信息传播的特征和传播对象的特点对发言人的思维方式、工作模式进行了彻底的改变，① 要求政府部门将新媒体渠道与传统新闻发布会有机结合，提升政府信息公开的实效和覆盖面。传统媒体与新媒体的结合还表现在新闻媒介的融合，利用新媒体实现海量信息的收集与信息的快速发布，同时利用传统媒体在权威方面的优势，帮助公众从庞杂的网络信息中选择有价值的信息并加以阐述，能够更有针对性地满足公众的需求。②

7.4.2　加强政府信息公开的平台建设

政府信息公开平台建设对回应型政府信息公开模式之构建具有极其重要的意义。作为信息传输通道，信息公开平台最大的价值在于确保信息的有效汇聚，实现信息资源共享。政府信息公开平台之建设，离不开当前我国面临的客观环境。大数据、人工智能、云计算、物联网等新一代信息技术之发展已成为不可阻挡的时代趋势，应当将这些技术运用于平台信息采集和平台信息公开这两个重要环节。一方面，利用大数据、云计算、物联网技术采集信息，整合用户信息需求，建立突发事件信息库，方便公众获取与当下食品安全事件有关的相似信息，增加对突发事件的了解。另一方面，对于平台的信息发布，除了编制目录体系和操作指南外，还应对信息元数据进行整理，利用人工智能技术对数据进行过滤、抽取、分类等形成信息元数据，③ 建立信息资源之间的关联，进而确保政府更为便捷、高效地发布信息。

此外，加强政府信息平台建设，还要注重细节之把握。首先，利用媒体传播的规律，以数字化、图表化、可视化方式向公众提供信息，并在正式信

---

① 李贞：《新媒体环境下新闻发言人的媒介素养》，载《新闻世界》2012 年第 9 期。

② 黄斐：《传统媒体与新媒体竞合之道——以马航事件有关报道为例》，载《中国出版》2014 年第 22 期。

③ 赵荣荣、梁蕙玮：《公共图书馆政府公开信息元数据研究——以中国政府公开信息整合服务平台为例》，载《图书馆学研究》2013 年第 15 期。

息发布的过程中，辅之以及时的政策解读和回应，[1] 以增强政府权威信息的说服力和可信度。其次，以实时、便捷、用户导向的方式与公众进行双向交流，方便民众快速地了解信息，同时满足公众对信息的个性化需求。最后，还应重视对政府信息公开平台的监督，建立相应的评价机制，运用科学合理的量化指标引入公众的回应和评价，在此基础上不断提升政府信息公开的质效。

7.4.3 改进政府信息公开绩效评价体系

完整的绩效评价体系由评价标准、评价方法和评价结果的使用等要素构成。回应型政府信息公开模式之特性，决定其绩效评价应在保证信息透明度的前提下，侧重于强调信息公开的实效，体现在信息能够为民所需、为民所用。在评价标准上，要将信息的可获得性、完整性和及时性纳入评价内容的标准中；可获得性主要评价政府通过各种媒介向公众传递的信息公众是否方便获取，完整性是对公开内容要素是否齐备和传达的信息量是否充足的评价；及时性是指公开是否在规定的时间内进行。[2] 就评价方法而言，应当采用多元化的评价维度，在保证政府绩效评价组织权行使的前提下，实现公众和社会组织的有效参与。伴随着公共服务、民主治理等新公共管理理念作用于行政领域，绩效评价体系多元化趋势成为必然。公众在绩效评价过程中，既可以是信息供给者，也可以是外部监督者，还可以是评价的主体。社会组织主要指第三方评价机构，其能够广泛收集民意，成为民意表达和民主监督的重要载体，确保评价的代表性、专业性和独立性。在评价结果的使用上，绩效信息之公开可以视为对政府过往行为的一种绩效反馈，[3] 有助于建立健全绩效信息的再利用制度，进而深入挖掘信息的内在潜力。

---

① 谭海波、孟庆国：《打造智能化便民化的政务公开平台》，载《中国行政管理》2016 年第 4 期。

② 卓越、张红春：《政府绩效信息透明度的标准构建与体验式评价》，载《中国行政管理》2016 年第 7 期。

③ 李晓方、孟庆国、王友奎：《绩效信息公开与政府响应——基于政府门户网站建设第三方评估数据的断点回归分析》，载《公共行政评论》2019 年第 5 期。

参 考 文 献

一、著作

[1] 洛克．政府论［M］．叶启芳，瞿菊农，译．北京：商务印书馆，1964.

[2] 拉伦茨．法学方法论［M］．陈爱娥，译．北京：商务印书馆，2003.

[3] 达尔．现代政治分析［M］．王沪宁，译．上海：上海译文出版社，1987.

[4] 马克斯·韦伯．经济与社会：下卷［M］．林荣远，译．北京：商务印书馆，1997.

[5] 徐昕．论私力救济［M］．北京：中国政法大学出版社，2005.

[6] 张静．国家与社会［M］．杭州：浙江人民出版社，2000.

[7] 费孝通．乡土重建与乡镇发展［M］．香港：香港牛津大学出版社，1994.

[8] 朱力．走出社会矛盾冲突的漩涡：中国重大社会性突发事件及其管理［M］．北京：社会科学文献出版社，2012.

[9] 何显明．群体性事件的发生机理及其应急处置：基于典型案例的分析研究［M］．北京：学林出版社，2010.

[10] 吴卫军，冯露，徐岩，等．我国西部地区农村群体性纠纷及其解决机制研究［M］．北京：知识产权出版社，2017.

[11] 王赐江．冲突与治理：中国群体性事件考察分析［M］．北京：人民出版社，2013.

[12] 佘硕．新媒体环境下的食品安全风险交流：理论探讨与实践研究［M］．武汉：武汉大学出版社，2017.

［13］后向东．信息公开法基础理论［M］．北京：中国法制出版社，2017.

［14］赵鹏．风险社会的回应［M］．北京：中国政法大学出版社，2018.

［15］伊丽莎白·费雪．风险规制与行政宪政主义［M］．沈岿，译．北京：法律出版社，2012.

［16］刘鹏．中国食品安全：从监管走向治理［M］．北京：中国社会科学出版社，2017.

［17］苏力．大国宪政：历史中国的制度构成［M］．北京：北京大学出版社，2018.

［18］罗豪才，毕洪海．行政法的新视野［M］．北京：商务印书馆，2011.

［19］姜明安．法治思维与新行政法［M］．北京：北京大学出版社，2013.

［20］松井茂记．互联网法治［M］．马燕菁，周英，译．北京：法律出版社，2019.

［21］H. W 埃尔曼．比较法律文化［M］．贺卫方，高鸿钧，译．北京：清华大学出版社，2002.

［22］鲁篱，马力路遥，余嘉勉，等．食品安全治理中的自律失范研究［M］．北京：法律出版社，2021.

［23］肖平辉．互联网背景下食品安全治理研究［M］．北京：知识产权出版社，2018.

［24］曾祥华．食品安全法治热点事件评析［M］．北京：法律出版社，2017.

［25］戚建刚．共治型食品安全风险规制研究［M］．北京：法律出版社，2017.

［26］戚建刚．法治国家架构下的行政紧急权力［M］．北京：北京大学出版社，2008.

［27］唐·布莱克．社会学视野中的司法［M］．郭星华，译．北京：法律出版社，2002.

［28］胡业勋，禹竹蕊，陈旭．突发事件应急法治化研究［M］．北京：法

律出版社，2018.

[29] 孔繁华．政府信息公开的豁免理由研究［M］．北京：法律出版社，2021.

[30] 习近平．论坚持全面依法治国［M］．北京：中央文献出版社，2020.

[31] 徐学禹．信息技术与经济社会发展［M］．成都：西南交通大学出版社，2010.

二、期刊文献

（一）中文文献

[1] 周庆山．我国信息政策的调整与信息立法的完善［J］．法律文献信息与研究，1996.

[2] 章剑生．知情权及其保障：以《政府信息公开条例》为例［J］．中国法学，2008（04）.

[3] 刘华．论政府信息公开的若干法律问题［J］．政治与法律，2008（06）.

[4] 廖为建，林卫强．关于政府媒体形象传播模式的构想［J］．国际新闻界，2008（11）.

[5] 王立平．略论政务公开对电子公务发展的影响［J］．中国行政管理，2008（S1）.

[6] 邓蓉敬．信息社会政府治理工具的选择与行政公开的深化［J］．中国行政管理，2008（1）.

[7] 诸葛福民，原光．公共危机治理中的信息公开问题：政府、媒体和公众的利益博弈［J］．山东社会科学，2011（11）.

[8] 胡文静，王怀诗．公共危机中的信息公开问题初探：基于对2008年南方雪灾事件的思考［J］．情报杂志，2008（11）.

[9] 于晗．我国突发事件传播的"公共化"演化进路探索：评《中国突发事件传播模式研究》［J］．传媒，2017（18）.

[10] 岳国君，李向阳．食品加工企业质量风险突发事件的认知研究

[J]. 预测，2011，30（06）.

[11] 叶金珠，陈倬. 食品安全突发事件及其社会影响：基于耦合协调度模型的研究[J]. 统计与信息论坛，2017，32（12）.

[12] 马荔，李欲晓. 非常规突发事件中政府信息公开机制研究[J]. 生产力研究，2010（06）.

[13] 陈超阳. 从哈尔滨停水事件看政府危机管理中的信息公开问题[J]. 咸宁学院学报，2006（04）.

[14] 谭超，谢媛，任梦. 基于社会需求的政府信息公开动力机制探析[J]. 改革与开放，2014（20）.

[15] 马静，李衢. 信息系统行为要素剖析及其监控机制设计[J]. 现代图书情报技术，2007（01）.

[16] 李金龙，殷武. 民生政府视野下政府回应问题探究[J]. 求实，2014（05）.

[17] 胡象明. 论政府政策行为的价值取向[J]. 政治学研究，2000（02）.

[18] 杨超. "公共性"视野中政府行为的市场化及其限度[J]. 政治与法律，2003（04）.

[19] 沈开举. 民主、信息公开与国家治理模式的变迁[J]. 河南社会科学，2012，20（04）.

[20] 吴兴智. 走向治理民主：为何以及如何——近年来西方民主的发展逻辑[J]. 天津行政学院学报，2014，16（05）.

[21] 易承志，李涵钰. 从碎片化回应到协同共治：城镇化进程中区域环境问题治理模式的转型分析[J]. 湘潭大学学报（哲学社会科学版），2019，43（03）.

[22] 唐明，赵静. 从福寿螺事件，看我国食品安全问题[J]. 中外企业文化，2007（08）.

[23] 傅琼，赵宇. 非常规突发事件模糊情景演化分析与管理：一个建议性框架[J]. 软科学，2013，27（05）.

[24] 高欣峰，陈丽，徐亚倩，等. 基于互联网发展逻辑的网络教育演

变[J]. 远程教育杂志, 2018, 36 (06).

[25] 靖鸣, 江晨. 网络删帖行为及其边界[J]. 新闻界, 2017 (07).

[26] 胡小川. 新媒体时代主流舆论引导社会舆论模式的构建[J]. 传媒, 2016 (05).

[27] 马若菲, 高萍. 政务微博在公共部门危机管理中的应用研究: 基于形象改变理论[J]. 阴山学刊, 2018, 31 (04).

[28] 李雅. 从政务微博看政府信息公开的发展[J]. 电子政务, 2012 (04).

[29] 蒋天民, 胡新平. 政务微信的发展现状、问题分析及展望[J]. 现代情报, 2014, 34 (10).

[30] 张一林, 雷丽衡, 龚强. 信任危机、监管负荷与食品安全[J]. 世界经济文汇, 2017 (06).

[31] 靳明, 杨波, 赵敏. 食品安全事件对我国乳制品产业的冲击影响与恢复研究: 以"三聚氰胺"等事件为例[J]. 商业经济与管理, 2015 (12).

[32] 田琳琳. 行政法治蕴藏的五种精神[J]. 人民论坛, 2018 (31).

[33] 张春莉. 行政法视野下公众参与的法治意义[J]. 学习与探索, 2004 (06).

[34] 郁建兴, 徐越倩. 服务型政府研究的理论进路与出路[J]. 行政论坛, 2012, 19 (01).

[35] 张淑芳. 行政相对人权利拓展的法治理念[J]. 社会科学辑刊, 2019 (02).

[36] 吴兴智. 走向治理民主: 为何以及如何——近年来西方民主的发展逻辑[J]. 天津行政学院学报, 2014, 16 (05).

[37] 邹森淼, 刘迅. 谣言机制在社交媒体中的群体传播嬗变与舆情治理对策研究[J]. 出版广角, 2019 (09).

[38] 冉从敬. 公共部门信息再利用制度研究[J]. 中国图书馆学报, 2008 (06).

[39] 祁斌刚, 郑彦宁, 张新民. 美国政府信息定位服务系统研究[J].

情报科学，2009，27（11）.

[40] 李思艺. 信息公开与 Records 管控关系研究：基于英国信息专员任命的视角[J]. 档案学研究，2018（04）.

[41] 谢丽. 英国政府 Records 管控：信息自由法的影响[J]. 档案学通讯，2015（04）.

[42] 杨炳霖. 回应性监管理论述评：精髓与问题[J]. 中国行政管理，2017（04）.

[43] 叶皓. 从被动应付走向积极应对：试论当前政府和媒体关系的变化[J]. 南京大学学报（哲学·人文科学·社会科学版），2008（01）.

[44] 黎慈. 英国政府应对突发事件的媒体政策与启示[J]. 党政论坛，2008（02）.

[45] 方舒. 风险治理视角下社会工作对突发公共事件的介入[J]. 学习与实践，2014（04）.

[46] 刘洋，樊治平，尤天慧，等. 事前–事中两阶段突发事件应急决策方法[J]. 系统工程理论与实践，2019，39（01）.

[47] 黎万和，李克龙. 社会稳定视角下突发公共事件信息公开研究[J]. 湖南社会科学，2013（03）.

[48] 陈仪. 打破"玻璃门"，打造"阳光政府"：评政府信息公开的制度与观念障碍[J]. 徐州师范大学学报（哲学社会科学版），2010，36（02）.

[49] 郑保卫，李玉洁. 博弈与共赢：《信息公开条例》三大主体互动分析[J]. 西南民族大学学报（人文社科版），2008（06）.

[50] 赵迎辉. 地方政府信息公开问题研究[J]. 理论学刊，2017（06）.

[51] 费玉春，李正明. 论公共服务型政府与政府信息公开[J]. 安徽农业科学，2007（20）.

[52] 唐祖爱，张德鹏. 我国行政亲和性理念的缺失表现及成因探析[J]. 长沙理工大学学报（社会科学版），2008，23（04）.

[53] 任中平，郜清攀. 从"官本位"到"民本位"：人治社会向法治社会转型的必然选择[J]. 求实，2015（07）.

[54] 李傲霜，倪丽娟. 基于政府信息公开建立提供优质服务的政府信

息平台研究[J]．生产力研究，2009（14）．

［55］陈海嵩．环境保护权利话语的反思：兼论中国环境法的转型[J]．法商研究，2015，32（02）．

［56］张瑞静．网络议程设置理论视域下新型主流媒体传播效果评价指标分析[J]．中国出版，2019（06）．

［57］王家合，杨倩文．自媒体时代意见领袖的识别与引导对策研究：基于议程设置理论视角[J]．湖北社会科学，2019（01）．

［58］孔建华．政府网络舆情分析研判及应对规程研究[J]．福建论坛（人文社会科学版），2019（05）．

［59］张宇，王建成．突发事件中政府信息发布机制存在的问题及对策研究：基于2015年"上海外滩踩踏事件"的案例研究[J]．情报杂志，2015，34（05）．

［60］吴卫军，邢元振．我国突发事件中的政府信息公开：现状与变革[J]．西南科技大学学报，2011（2）．

［61］王建华，张勇军．新媒体时代突发事件中政府信息公开的实证与进路分析[J]．西南政法大学学报，2018（6）．

［62］高秦伟．美国政府信息公开申请的商业利用及其应对[J]．环球法律评论，2018（4）．

［63］王锡锌．政府信息公开制度十年：迈向治理导向的公开[J]．中国行政管理，2018（5）．

［64］熊先兰，姜林秀．食品安全突发事件应急处置策略优化探讨[J]．湖南财政经济学院学报，2019（2）．

［65］刘晓花，李建．试论突发公共事件中的政府信息公开[J]．中国行政管理，2019（5）．

［66］彭成义．新技术革命与我国政府信息公开的挑战与机遇[J]．中央社会主义学院学报，2019（6）．

［67］罗连发，刘俊俊．提升突发公共卫生事件预警有效性的制度思考：基于食品安全治理的经验借鉴[J]．江南大学学报（人文社科版），2020（2）．

［68］胡业飞，孙华俊．政府信息公开与数据开放的关联及治理逻辑辨析：基于"政府－市场－社会"关系变迁视角［J］．中国行政管理，2021（2）．

［69］王可山．食品安全社会共治：理论内涵、关键要素与逻辑结构［J］．内蒙古社会科学，2022（1）．

（二）外文文献

［1］LEWIS J. Reinventing（open）government：State and federal trends［J］. Government Information Quarterly，1995，12（4）.

［2］HERMAN E. A post-September 11th balancing act：Public access to U. S government information versus protection of sensitive data［J］. Journal of Government Information，2004，30（1）.

［3］FRANK M. The changing winds of atmospheric environment［J］. Environmental Science & Policy，2013（29）.

［4］YATES D，PAQUETTE S. Emergency knowledge management and social media technologies：A casestudy of the 2010 Haitian earthquake［J］. International Journal of Information Management，2011，31（1）.

［5］DE JONGE J，VAN TRIJP H，RENES R，et al. Understanding consumer confidence in the safety of food：Its two-dimensional structure and determinants［J］. Risk Analysis，2007，27（3）.

三、学位论文

［1］王勇．政府信息公开论［D］.中国政法大学，2005.

［2］杨柳．我国食品安全监管体系研究［D］.武汉大学，2015.

［3］孙帅．突发事件网络舆情管理机制研究［D］.苏州大学，2014.

［4］刘芳．重大突发事件政府应急信息发布研究［D］.湘潭大学，2012.

［5］刘凌琳．我国突发事件政府信息公开的范围研究［D］.浙江大学，2014.

［6］傅小兵．突发事件中政府信息公开研究［D］.华东政法大

学，2010.

[7] 赵洋. 网络公共事件中的政府回应研究 [D]. 华南理工大
学，2014.

[8] 张峣弘. 议程设置视角下突发事件的政府信息发布策略研究 [D].
广西大学，2018.

[9] 崔鹏. 面向突发公共事件网络舆情的政府应对能力研究 [D]. 中央
财经大学，2016.

[10] 王岳. 地方政府食品安全危机管理机制研究 [D]. 湘潭大
学，2012.

附录1 课题阶段性论文

比较法视野中的行政紧急权力立法规制模式①

十八届四中全会通过的《关于全面推进依法治国若干重大问题的决定》掀开了法治中国建设之新篇章。在这样一篇纲领性的文件中,依法执政、法治政府、严格执法等语汇被反复提及并重点强调,其焦点与准星都指向了行政机关与行政权力。毋庸置疑,无论是从法治的理论内涵与学理逻辑分析,还是着眼于中国特有的社会土壤与现实国情,对行政权之全面规制构成法治中国建设最为核心的内容,在某种意义上甚至成为评价中国法治状况与治理能力现代化的"测量仪"与"遥感器",这已成为学界共识。但长期以来,学者们的研究视线大多聚焦于常态下的行政权力行使之规制,对紧急状态下的行政权则关注不多。笔者认为,我国当前处于社会转型期,各种自然灾害、事故灾难、公共卫生事件及社会安全事件不断涌现,行政紧急权力及其立法规制问题应当引起重视,因而在审视与借鉴域外立法经验的基础上,理性分析我国行政紧急权力的规制模式,无疑具有十分重要的理论意义与实践价值。

一、行政紧急权力及其立法规制的必要性

国家之治理可分为常态治理和应急治理两种模式。在这两种不同的治理模式中,行政权力的运行程序、行使方式和受法律制约的情况等有着重要差异。当各种突发事件发生时,由于其可能或已经造成严重的社会危害,需要采取应急处置措施予以应对,因此,常态治理下的行政权力往往不能满足应

---

① 本文作者为吴卫军、谈迅。

对突发事件的需要。这正如美国著名的政治学家罗斯特指出的那样，世界上没有一个自由民主国家使其领导人无法采取独裁措施以应对突发事件力求自保，倘若一个民主国家缺乏这种应变方式或其领导人缺乏实行独裁的意志和决心，那么这个国家就无法在真正的来自危机的考验中生存。① 因此，行政紧急权力在突发事件中的重要性毋庸置疑。

关于行政紧急权力的界定，学者们见仁见智。戚建刚认为，从系统的角度而言，行政紧急权力是指由组成它的各个基本的要素（即主体要素、对象要素、运行要素、保障要素）相互作用而形成的组织与功能状态。② 徐高、莫纪宏认为，所谓紧急权就是为一国宪法、法律和法规所规定的，当出现了紧急的危险局势时，由有关国家机关和个人依照宪法、法律和法规规定的范围、程序采取紧急对抗措施，以迅速恢复正常的宪法和法律秩序，最大限度地减少人民生命财产损失的特别权力。③ 郭春明认为，紧急权力是指国家在宣布进入紧急状态之后所行使的一种不受民主宪政的分权原则和人权保障原则一般限制的国家权力，其目的是通过必要的权力集中和人权克减来达到消灭危机、恢复国家正常秩序的目的。④ 通过对学界现有研究成果之分析，我们认为，行政紧急权力是行政主体在紧急状态下依照宪法和相关法律法规，为应对突发事件，捍卫国家主权，维护社会秩序，保障公民权利，而采取的应急性、强制性权力的总称，是与常态下行政权力相异的国家权力。

政府在紧急状态下虽然可行使较平时更多的、更广泛的和更具强制性的权力，但这种权力必须受法律的规范和控制，使之既能保障政府有效地应对危机，又能防止和尽量避免权力被滥用和对公民基本权利、自由的侵犯。正因为如此，对行政紧急权力进行立法规制显得必需而且必要。

首先，它能规范和控制行政紧急权力的运用和行使。行政法的调整对象和核心，实质上是行政权的存在与运作。然而，行政权力的行使不应是随心所欲及无限制的，而应有一定的法律界限，超出这种界限就要承担相应的法

---

① C. Rossiter, *Constitutional Dictatorship*, Princeton：Princeton University Press, 1948, p. 5.

② 戚建刚：《法治国家架构下的行政紧急权力》，北京大学出版社 2008 年版，第 32 – 61 页。

③ 徐高、莫纪宏：《外国紧急状态法律制度》，法律出版社 1994 年版，第 68 页。

④ 郭春明：《论国家紧急权力》，载《法律科学》2003 年第 5 期。

律后果。对行政紧急权力进行立法规制，使其存在形式、作用范围及行使程序等限定在立法规定之中，才能保证行政紧急权力有法可依、据法而行，防止权力专断与滥用。这既是人权保障理念的基本要求，也是依法治国、依法行政的应有之义。

其次，它能有效地整合各种社会资源，提高政府行政应急效率。法律具有强大的组织与整合功能。法律的各项原则、规则和技术要素，对于减少社会冲突、增强行为的可预见性、使人际关系形式化和确定化，从而使人们的行为围绕某些自主性的制度安排组织起来成为可能。① 紧急状态下各种社会关系具有高度的复杂性和频繁的变动性，在确保行政执法行为公开、公平和公正的前提下，要提高行政执法的效率，只能依靠法律的规定。清晰而明确的立法，能够使政府部门在面对突发事件时，采取高效、迅捷的应对措施以排危解难。倘若效率低下，则无疑会增加突发事件带来的人员伤亡和财产损失，甚至引发社会不稳定的严重后果。

最后，它能有效地降低人权克减的损害。紧急状态下，一方面行政权力需要相对集中和扩大，而公民平时所享有的某些权利和自由必然受到一定的限制；另一方面也必须防止因行政权力的强化而被滥用，尽可能最大限度地保障公民的基本人权和自由。② 尽管紧急状态制度有助于应对突发事件和维持秩序，但往往是以人权克减为代价的。③ 克劳迪奥·格罗斯曼指出，在许多实践中，紧急权力的行使已经超出了维护国家生存的必要界限，时常被用来作为减损人权和通过严苛的手段和武力以少数人的观点来取代一致同意的政治解决办法的借口，构成了对人权的极大威胁。④ 也就是说，在紧急状态下，人权克减是必要的，但对克减进行限制也是必要的。行政紧急权力与人权克减之间进行博弈时，立法应成为裁判者，在保证行政紧急权力有效行使的同时，人权克减所造成的损害也应降至最低限度。否则，行政紧急权力的

---

① 张文显：《法哲学范畴研究》，中国政法大学出版社2001年版，第162页。
② 周佑勇：《紧急状态下的人权限制与保障》，载《法学杂志》2004年第4期。
③ 陈聪：《紧急状态下人权克减的法律规制》，载《北方法学》，2009年第6期。
④ ［美］克劳迪奥·格罗斯曼：《紧急状态：拉丁美洲与美国》，郑戈、赵晓力、强世功译，载《宪政与权利：美国宪法的域外影响》，生活·读书·新知三联书店1996年版，第223页。

行使会变成最严重的侵权行为和最恶劣的肆意行为。

二、域外行政紧急权力立法规制的既有体例

在行政紧急权力立法规制问题上，首先面临的是宏观层面的模式选择问题。从世界各国已有的立法体例看，根据不同分类标准，有着不同的模式划分。譬如，根据法律的效力等级，可分为宪法保留模式与法律保留模式；根据立法技术，可分为"一事一法"模式与"一阶段一法"模式；根据国家的结构形式，可分为集权型模式与自治型模式。

审视域外各国行政紧急权力立法规制的基本体例与样态，可以发现没有哪一个国家的立法"采取纯粹的民主模式或效率模式，而是采用一种折中模式"。① 然而，虽然都是折中模式，却各有千秋，以下选取两大法系四个具有代表性的国家，对它们关于行政紧急权力立法规制的体例分别加以阐述。

（一）英美法系

英国议会于 1914 年通过了《国土防卫法》（*Defence of the Realm Act*，1914），规定在战争时期政府有很大的权力。1920 年，议会又通过了《紧急权力法》（*Emergency Powers Act*，1920），给予政府有限的行政紧急权力（emergency powers）。1926 年，因为煤矿停工，② 在国家紧急状态被宣布后，该法案在 1926 年大罢工中被广泛地应用并被长期地执行。所以，该法案被认为是帮助政府成功解决大罢工问题的工具。③ 随后，英国制定了大量的紧急行政法令，以扩大行政紧急权力的行使范围。如 1931 年 9 月 20 日的《黄金标准法》和 1931 年 10 月 7 日的《食物供应法》，另外还有《国民经济法》《园艺产品紧急关税法》和《异常输入关税法》等。④ 1939 年，议会通过了新的《紧急权力法》（*Emergency Powers Act*，1939），授予政府制定防御法规的权力，这种权力几乎渗入日常生活的各个方面，其中两条法规可以判定罪犯为死刑。第二次世界大战后，英国继续加强行政紧急权力的立法，如 1946 年、1984 年、2002 年

---

① 威建刚、杨小敏：《六国紧急状态法典之比较》，载《社会科学》2009 年第 10 期。

② *House of Commons Hansard*，vol. 195，col. 35.

③ Stephen J. Lee，*Aspects of British Political History* 1914–1995，New York：Routledge，1996，p. 93.

④ 威建刚：《两大法系国家紧急权力体制之演进》，载《法学家》2004 年第 6 期。

三次制定《民防法》。尤其是2004年的《非军事应急法》(*Civil Contingencies Act*, 2004)，在第二部分详细规定了政府在发生大规模紧急状态时的行政紧急权力。由此可见，英国有关行政紧急权力的立法不仅数量众多，而且内容十分丰富，注重依据社会发展的客观情况不断调整立法的具体条款。

虽然美国宪法并未对总统和行政机关的行政紧急权力作出规定，但是国会通过了大量的制定法，广泛授予总统和行政机关这样或那样的行政紧急权力。作为应对紧急状态采取的具体措施，且接受英国普通法中戒严的传统，美国总统主要根据自由裁量行使紧急权力。在采取紧急措施应对危机时，"总统始终扮演着较为积极、主动的角色"。[①] 1976年，美国颁布《国家紧急状态法》(*National Emergencies Act*)，以终止无限制的国家紧急状态，并且正式确定了国会的权力以检查和平衡总统的行政紧急权力。该法案授予总统在紧急时期的广泛的权力。它还设定了国家紧急状态的最长期限为两年，同时亦强调总统援引行政紧急权力的"程序手续"。在2001年发生的"911事件"之后，美国国会、总统、政府积极应对，制定了大量的法案加强反恐工作，这些法案中包含了许多有关行政紧急权力运用的规范，如2001年10月26日的《爱国者法》(*USA Patrior Act*)，2002年11月25日的《国土安全法》(*Homeland Security Act*)，2008年10月3日的《紧急经济稳定法》(*Emergency Economic Stabilization Act of* 2008) 等。依据这些单行立法，总统应对各种突发事件的行政紧急权力得到了明显的强化，受到的外在监督与制衡大大地减弱。

(二) 大陆法系

法国的行政紧急权力起源于"围困状态之制"，其最初的形式规定在1789年《叛乱取缔法》中，而后法国分别于1791年、1797年、1849年、1878年四度颁布《围困状态法》，对于紧急情况下的政府权力行使问题进行了规定。1958年制定的《法兰西第五共和国宪法》第十六条第一款规定，在共和制度、国家独立、领土完整或国际义务之履行，遭受严重危急之威胁，致使宪法上公权力之正常运作受到阻碍时，共和国总统经正式咨询总理、国会两院议长及宪法委员会后，得采取应付此情势之紧急措施。根据这一规定，

---

① 李卫海：《行政紧急权的模式之争——以美国为例》，载《行政法学研究》2006年第2期。

法国采取了通过宪法的方式授予总统行政紧急权力的方式。同时，值得注意的是，早在 1955 年 4 月 3 日，法国就已经颁布了《紧急状态法》，该法授权内阁在公共秩序受到严重破坏或发生性质非常恶劣的社会灾难事件时，由部长会议以法令的形式宣布于本土及海外省或地区进入紧急状态，并规定了内阁可以采取的限制公民基本权利的强制措施。该法亦对这些强制措施的时效作出了相应规定。由此可见，法国总统与内阁，分别依据宪法与《紧急状态法》取得了紧急状态下的行政紧急权，尽管适用条件、程序与范围有所不同。

就德国来说，早在 1851 年，普鲁士的《围困状态法》就规定，当遭到外敌威胁或占领，或内部有动乱时，皇帝可以宣布进入围困状态。1919 年德国颁布《魏玛宪法》，其第四十八条第二款规定，当德意志帝国内公共安宁与秩序遭受重大妨碍或危害时，为公共安宁与秩序之重建，帝国总统可以采取必要之措施，必要时可以动用军队进行干涉，为此目的容许其使一些基本权利全部或部分暂时失效。这为后来希特勒进行独裁统治打开了方便之门，于是“二战”后的德国没有在法律中规定行政紧急权力。就连 1949 年的《德意志联邦共和国基本法》对行政紧急权力也只字未提。直到 1968 年 5 月 30 日，当时的西德通过了《德意志联邦共和国基本法的第十七条补充法》，才强调应通过授权法来规定行政紧急权力。1990 年 10 月 3 日东西德统一后，该法已适用于整个德国。然而，截至 2013 年，德国还没有一部专门的紧急状态法，只是根据基本法制定了一系列单行法律，如《交通保障法》《铁路保障法》《食品保障法》《灾难救助法》等。① 这些单行法律对紧急状态和行政紧急权力有相应的规定。

（三）小结和启示

比较两大法系关于行政紧急权力的立法体例，总体而言，英美法系国家的立法庞杂，其立法模式并非单一化，而是各种法律相互结合，规定得全面而精细。英国虽是普通法系国家，但是其关于行政紧急权力的法律规制更多

---

① 国务院办公厅应急管理赴德国培训团：《德国应急管理纵览》，载《中国行政管理》2005 年第 9 期。

地体现在制定法案上。不仅如此，行政紧急权力在英国的发展几乎都是为了应对战争和内乱，也即所谓的"一事一法"模式。由于 1920 年《紧急权力法》只给予政府有限的行政紧急权力，随着时间的推移已不能满足应对紧急状态之需要，英国在"二战"后便颁行了更多的单行立法对政府进行授权。因此，英国行政紧急权力有不断扩张的趋势。美国的行政紧急权力起源于战时，起初对行政紧急权力的立法规制较为松散，后来通过制定《国家紧急状态法》才实现了有效的统一规制。同时，美国国会还制定了大量关于紧急权力的单行法律，与《国家紧急状态法》相配合，这是统一立法和分别立法结合得相当完美的立法体例。

大陆法系国家关于行政紧急权力的立法情况，无论是内容还是形式都远远无法和英美法系国家相比，但也有可圈可点之处。法国的行政紧急权力是典型的统一立法规制模式，而且在宪法中规定总统的行政紧急权力，这是具有开拓性的立法举动，使行政紧急权力的存在与运作具有了最高法律渊源之保障，对其他国家的立法具有重要启示。德国由于希特勒独裁统治等历史原因，在最初的宪法中未对行政紧急权力作特别规定，也没有一部统一的紧急状态法进行专门规制。然而，进入 20 世纪后半期以来，随着实践的发展，不仅德国宪法对行政紧急权力有所涉及，而且不少单行法中出现关于行政紧急权力的系统性规定，这表明行政紧急权力的规制问题在德国得到不断重视。

通过以上分析可以看出，域外行政紧急权力立法规制模式主要有以下三种：其一，在宪法中规定，如德国、法国等；其二，由紧急状态法规定，如英国、美国等；其三，在应对具体事项的立法中规定，如美国 2002 年的《国土安全法》等。当然，每个国家都不是使用单一的立法模式，往往是叠加运用多种体例，以实现立法的统一性与灵活性，提高应对突发事件和紧急状态的针对性与有效性。

三、我国行政紧急权力立法规制的模式修正

（一）立法现状与问题

我国有关行政紧急权力的立法发端于 20 世纪 90 年代，1996 年的《戒严

法》在形式上正式确立了行政紧急权力的法律地位。但是，戒严只是紧急状态的表现形式之一，行政紧急权力的适用范围过于狭窄，而且《戒严法》中的相关规定也较为简单、粗疏，不足以应对所有的危机。此后，随着社会管理实践的深化，为了提升政府应对紧急情况的能力，我国又陆续颁布了一系列的单行立法，使我国紧急状态法体制体现出"一事一办"的特征，如《防震减灾法》《传染病防治法》《防洪法》《消防法》《森林法》《环境保护法》《矿山安全法》等。不仅如此，国家亦出台了大量的行政条例和突发事件应急预案，如2003年的《突发公共卫生事件应急条例》，2004年的《铁路运输安全保护条例》，2006年的《国家突发公共卫生事件应急预案》，2008年的《对外承包工程管理条例》和《森林防火条例》，2010年的《城镇燃气管理条例》《自然灾害救助条例》《气象灾害防御条例》等，均体现出这种"一事一办"的特征。在所有立法中，需要单独提及的是2004年的《宪法修正案》与2007年的《突发事件应对法》。2004年修宪时，立法机关将《宪法》第六十七条、第八十条和第八十九条规定的"戒严"改为"紧急状态"，但是没有涉及"行政紧急权力"这一概念。随后，在总结单行立法的规定及应对"非典"的经验的基础上，我国于2007年颁行了《突发事件应对法》，其目的是通过该法构建起统一领导、综合协调、分类管理、分级负责、以属地管理为主的应急管理体制。虽然作为应对突发事件的专门法，该法对行政紧急权力的适用条件、范围、程序等问题有所涉及，但内容仍显单薄，且操作性不强，与前述单行立法相比，没有太多实质的进步与亮点。

总体看来，在行政紧急权力立法规制模式的问题上，我国尚存在以下问题。

首先，宪法规范缺位。我国在法律位阶最高的宪法中，并没有明确规定"行政紧急权力"；与此同时，除宪法之外的相关法律，如1996年的《戒严法》、2007年的《突发事件应对法》等也没有直接提出"行政紧急权力"这一概念，但对其内容及行使程序都有实质性的规定。这种立法体例安排，不利于从宪法高度对行政紧急权力进行有效规制，也使相关法律规范行政紧急权力的正当性存在不确定性。

其次，过于偏重"一事一议"模式。前述立法体例呈现出典型的一事一办的特点，这样规定的直接后果是相关法律繁复庞杂，既不利于对民众进行宣传教育，又影响到应对紧急状态的效率，与立法规制行政紧急权力的初衷有所背离。当前，我国正处于社会转型时期，突发事件呈现发生越来越频繁、规模越来越大、危害越来越严重、起因越来越复杂的趋势。紧急状态发生后，已很难将其归结为一种简单的或单一的情况，仅仅依据某方面的单行立法来应对显得力不从心。因此，偏重"一事一议"的立法模式已不能适应时代发展的需要。

最后，集中的特征明显。从前述立法规定的内容看，中央政府几乎是绝大多数情况下紧急行政权力的唯一行使者，立法的集权特征明显。集中固然能加强中央政府应对紧急状态的能力，但也增加了这样一种可能性，那就是人手不足、效率低下。紧急状态一旦形成，往往会造成即刻的损害，倘若解决速度缓慢，会让情况越来越糟，甚至导致出现大规模的混乱局面。此时，解决的效率就显得至关重要。如果能以自治型模式为补充，可以在紧急状态还处于萌芽状态之时，由地方政府合法、合理地运用行政紧急权力平息风波与解决问题，减少危害发生或扩大的可能性。

（二）现行立法模式之修正

我们认为，行政紧急权力之立法规制涉及方方面面的问题，具有长期性与系统性，但立法模式居于引领地位，发挥着提纲挈领的作用。在借鉴域外法治发达国家有效经验的基础上，立足于"折中主义的改良路径"，统一立法与分散立法相结合是符合中国国情的选择。由此出发，笔者建议我国行政紧急权力立法规制确立宪法保留体例、重塑"一事一议"模式，同时制定统一的"紧急状态法"，弱化现有立法中的集权特征。

我国行政紧急权力立法规制的最终目标是建立统一立法和分散立法相结合的善治模式，即在最高位阶的宪法中概括规定紧急状态与行政紧急权力，同时制定统一的紧急状态法规定行政紧急权力在各种紧急状态中的共性问题（此即统一立法）。然后，根据不同类型的紧急状态分别立法，制定诸如自然灾害防治法、事故灾难应对法、公共卫生事件应对法、战争与国防动员法等，对其间行政紧急权力存在与行使的特殊内容予以规定，实现立法的精致和细化（此即分散立法）。对这一模式，可从以下几方面加以阐述。

第一，宪法保留体例的确立。如前所述，由于宪法规范的缺位，导致行政紧急权力立法规制缺乏最高位阶立法的支撑，存在正当性不足的问题。在此后的改革中，应当考虑确立宪法保留体例，在宪法层面对行政紧急权力的存在与行使做宏观层面之界定。行政紧急权力必然会涉及人权克减问题，但是人权克减至何程度，应该有一定的底线，"即便是紧急状态下的人权克减也应该符合宪法原则和宪法规定"。确定最基本的人权不可克减原则，这正是宪法理应所为之事。因此，在宪法中明确行政紧急权力就有了如下两个明显的优势：其一，使行政紧急权力有了宪法为依据；其二，对紧急状态中人权克减的规定进行宪法保留，有效避免滥用行政紧急权力危及基本人权的情况。

第二，"一事一议"模式的重塑。有学者认为，"以单行的法律、法规形式规定某种危机事件及其应对措施当然有其明显优势：一是制定相对简单，出台及时，可以暂时避开某些困难问题或研究不成熟的问题；二是针对性强，能及时应对某类紧急危机；三是突出了不同危机事件及其应对措施的特点，使每类危机事件及其应对措施规定得比较细致"。① 但是，"一事一议"模式的局限性非常明显：其一，行政紧急权力在各种紧急状态中是普遍适用的，一事一议造成了立法资源的浪费；其二，忽视了行政机关的协调性，不利于行政紧急权力的及时行使；其三，可能出现同一行政紧急权力却有不同实体内容和程序手段的情况。当前，我国对行政紧急权力的立法规制，正呈现这样一种混乱状态。因此，要清理大量"一事一议"的立法规定，使各种不同的单行立法融入自然灾害防治法等几部综合性法律中，减少"一事一议"模式的立法弊端。

第三，紧急状态法的制定与集权特征的弱化。如前已述，当前我国没有统一的紧急状态法，这既制约了行政紧急权力的作用范围，也使立法规制行政紧急权力的效果大打折扣。因此，一种可行的方法是将《戒严法》《突发事件应对法》进行整合，重新制定一部具有中国特色的"紧急状态法"。这

---

① 戚建刚：《我国危机处置法的立法模式探究》，载《法律科学》2006 年第 1 期。

部"紧急状态法"应摒弃"一事一议"的做法，体现"一阶段一法"的特征，即对紧急状态中的各个阶段（如预警阶段、发生阶段、应对阶段、善后阶段等）的各种行政紧急权力（军事管制、宣布紧急状态、宵禁、行政强制、行政征收、行政征用、行政指导、行政公开、限制公民人身自由等）的实体内容与程序措施作出明确规定，以体现立法的实用性。同时，"紧急状态法"应在保留中央政府最高权威的基础上，通过一定的授权程序，充分调动地方政府行使紧急权力应对紧急状态的积极性，实现集权型模式与自治型模式的有机整合，减少危害后果之发生。

附录 2　课题调研报告

成都市食品安全风险社会共治体系的建设现状①

一、绪论

食品安全风险直接关系国计民生，是全球范围内普遍面临的公共卫生难题，② 据统计，全球每年至少有 2.2 亿人感染食源性疾病，严重威胁着人类的健康。包括世界卫生组织、联合国粮食及农业组织在内的国际社会都高度重视食品安全风险的防控。在我国，食品安全问题已经连续多年成为最受关注的社会焦点问题。近年来，毒奶粉、瘦肉精、苏丹红等引发的严重危害公众身体健康的食品安全事件，使公众对于"舌尖上安全"的信心降到冰点，社会矛盾日益突出。2015 年修订的《食品安全法》提出了通过社会共治防控食品安全风险的基本理念，并对食品生产经营者、行业协会、监管部门等设定了新的更高的要求，在此背景下，研究我国食品安全风险社会共治体系的构建问题显得尤为必要。

一是能有效回应当前社会治理层面的迫切需求。食品安全风险防控不仅是关乎民生的重点、热点、焦点问题，还是社会治理体系与治理机制建设的重要组成部分。党的十八届五中全会通过的《中共中央关于制定国民经济和社会发展第十三个五年规划的建议》明确提出，要实施食品安全战略，形成严密高效、社会共治的食品安全治理体系，让人民群众吃得放心。《中共四

---

① 本报告执笔人为吴卫军、刘雅如，本文为 2017 年度成都市软科学项目"成都市食品安全风险社会共治体系的现状与进路"（项目编号：2016 - RK00 - 00241 - 2R）的结项成果。

② Beck U., *Risk Society*：Towards a New Modernity，London：Sage Publications，1992，pp. 3 - 6.

川省委关于制定国民经济和社会发展第十三个五年规划的建议》也指出，要高度重视食品安全，建立严密高效、社会共治的食品安全治理体系。因此，研究食品安全风险社会共治体系之构建具有重要的现实意义。

二是有助于弥补国内外学术研究的薄弱环节。现有国内研究阐明了社会共治有效联动机制对食品安全风险防控的重要性，但对社会共治体系构建问题则涉猎不多。相比于已有研究，本项目在实证调研、比较分析的基础上，综合运用多学科知识，从定性与定量两个层面深入分析食品安全风险社会共治体系的现状，因而有可能发现一些学界未曾注意或重视的现象，提出一些不同的学术观点，加深学界对该问题的理解和认知，这能在一定程度上丰富法学理论成果，弥补学术研究的薄弱环节，因而具有较为重要的学术价值。

三是有助于解决食品安全风险防控实践中的突出问题。长期以来，食品安全风险防控是我国社会治理层面中的短板。由于本项目注重调研基础上的实证研究，因此对当前我国食品安全风险防控现状之分析可能更接近真实情况，对原因之揭示可能更为准确深刻，在此基础上提出的社会共治体系构建方案可能更贴近实际，进而更具现实针对性与操作性，能够为立法提供参考，为执法提供指引，为司法提供依据，为守法提供引导，有助于实践中突出问题之解决，因此具有较为重要的实践价值。

（一）食品、食品安全风险与食品安全风险防控

食品是一个随着社会发展进步而不断变化的动态概念。日常生活中食品的概念与法律中对食品的定义是不同的。日常生活意义上，"食品"概念具有不确定性，但是法律中的"食品"概念，则必定是确定的和具有可操作性的，否则在法律实践中就不具有执行力。通俗而言，食品是除药品外，通过人口摄入、供人充饥和止渴并能满足人们某种需要的物料的统称。在我国，按照食品的原料和加工工艺的不同，食品共有 28 大类 525 种。

食品总是与安全相生相随，但食品安全不是食品所固有的特性，安全只能是相对的状态，随着食品安全分析评估技术的发展，食物中微量的有害物质都有可能被检测出来，而评估中还涉及不同物质暴露的累计后果等因素，

使得评估本身存在着定性和定量的不确定性。[1] 人类对食品安全的认识是一个漫长的社会实践过程，它是随着人类认识自然和改造自然的能力不断增强而不断深化的。对于食品安全的概念，国际组织和学术界都存在不同的认识，学者们也基于不同立场有着不同的观点。有学者认为，食品安全的定义有广义和狭义之分，广义的食品安全是指食品数量安全、食品质量安全、食品来源可持续性安全和食品卫生安全；狭义的食品安全仅指食品质量安全或食品卫生安全。美国学者 Jones 提出了绝对安全和相对安全的概念。[2]《食品安全法》第一百五十条规定，食品安全是指"食品无毒、无害，符合应有的营养要求，对人体健康不造成任何急性、亚急性或者慢性危害"。由此可见，我国立法规定的食品安全是一个包括了生产安全、经营安全和结果安全的综合性概念，本书即在这个意义上使用食品安全这一词语。

食品安全风险是指存在于食品当中的可能影响"食品安全性"的全部主客观因素，是现实存在的问题隐患。联合国粮农组织把有关食品危害的食品安全风险分为"食品变质过期""假冒食品""食品中的农药残留"和"食品中的添加剂"四大类。[3] 在我们看来，学界对食品安全风险产生因素的论述存在着认知错误、认知偏见以及认知盲区等局限。食品安全风险并不完全等同于食品安全问题，二者存在差别（如图1）。

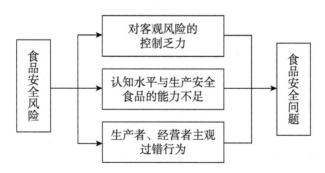

图1 从食品安全风险到食品安全问题

---

① 陈璇：《美国食品安全立法争论及其启示》，载《食品安全导刊》2009 年第 4 期。

② 陈辉：《食品安全概论》，中国轻工业出版社 2011 年版，第 2 页。

③ 张金荣、刘岩、张文霞：《公众对食品安全风险的感知与建构——基于三城市公众食品安全风险感知状况调查的分析》，载《吉林大学社会科学学报》2013 年第 2 期。

食品安全风险并不一定会形成食品安全问题，只有在人类自身行为对食品安全风险因素失去控制的情况下才会转化成食品安全问题。食品安全风险兼具客观性和构建性的双重属性，作为一种风险类型，它是客观存在于食品安全领域的，从食品生产到消费的全过程，呈现出不同的风险类型，同时也受到社会文化即人们态度的影响，所以难以找到一个令所有人都满意的平衡点。

风险防控运用于食品安全领域起源于 20 世纪 80 年代末。食品安全风险防控的涉及面广，存在风险源种类繁多、性质各异、致害性不确定等特点，从不同学科加以界定，侧重点也完全不一样。从行政法角度审视，食品安全风险防控是从食品安全风险评估、风险交流、风险预警、风险处置和风险善后等方面形成的一种清单式的风险防范制度，强调食品安全能力风险防控、食品安全信用风险防控和食品安全市场风险防控，从风险识别、风险评估、风险执法、风险共治以及配套制度等多个层面构建食品安全风险法律防控机制。

（二）食品安全风险社会共治理论与体系

社会共治是合作治理的产物，其特征是由公共机构发起，并不只有国家行为者参与，参与者直接参与政策制定，以实现公共政策的效果最大化，[①]是多元社会主体在协商民主的基础上共同治理公共事务，进而实现社会共同利益的过程。社会共治是当代公共管理理论不断发展的产物，其核心是参与主体的多元化。多元是在原本以政府为一元主体的基础上加入了来自市场和社会的主体，政府在其中更多地扮演组织者、协调者、监督者的角色，引导公众及社会组织参与治理，而公众及社会组织不仅能与政府充分互动，而且能监督政府的行为，优化决策以提高其公正性。正如有论证指出的那样，以往政府占据垄断的"一元治理"模式在食品安全风险防控中呈现出"内卷化"的趋势，成本高、效能低，[②] 因而社会共治模式被逐步引入并贯彻落实。

食品安全社会共治格局中，政府仍然保持主导地位，但不再垄断全部权力。与此相对应，政府的管理方式也从以往的直接管理、强制性管理变为直

---

① 牛亮云：《食品安全风险社会共治：一个理论框架》，载《甘肃社会科学》2016 年第 1 期。

② 刘飞、孙中伟：《食品安全社会共治：何以可能与何以可为》，载《江海学刊》2015 年第 3 期。

接管理与间接管理相结合、强制性管理与柔性管理并用。政府主要职责是拟定宏观规划，制定参与规则，实施奖惩措施，同时运用经济、法律、政策等多种手段为公共物品的提供和公共事务的处理提供依据和便利；企业及各种市场主体在创造利润的同时，也主动承担起对消费者的责任，积极协同政府提供社会公共产品和社会公共服务；社会组织作为国家与公众之间的桥梁，是社会治理的重要参与者，一方面逐步普及公共知识以开启民智，创造客观条件以有序地吸纳民意，另一方面与政府沟通，将民意及时转达给政府，并将政府的决策意图及时传达给公众，在政府和公众之间起到润滑作用；公众是现代国家的基石与治理主体，其作用之充分发挥对于社会治理目标之实现至关重要，因此必须充分调动公众参与社会治理的积极性。食品安全风险防控需要政府、企业、社会组织、公民的共同参与，这是社会共治理论在食品安全领域的展现。

十八大以来，习近平总书记提出了"用最严谨的标准、最严格的监管、最严厉的处罚、最严肃的问责"来管好食品安全问题，确保广大人民群众"舌尖上的安全"。2015 年 10 月 1 日，被称为"史上最严"的修订后的《食品安全法》开始实施，明确提出了"食品安全工作实行预防为主、风险管理、全程控制、社会共治，建立科学、严格的监督管理制度"。依据《食品安全法》"总则"之规定，我国食品安全风险社会共治体系由以下三部分构成。

一是政府主导作用的充分发挥。《食品安全法》第五条至第八条用四个条文规定了从中央到地方的各级政府、政府各部门在食品安全管理方面的职责，占该法"总则"条文数（共十三条）的近三分之一。我国是人民民主专政的社会主义国家，立法表征民义，代表着社会最大多数民众的意志。从立法角度审视，政府在食品安全风险防控中发挥着主导作用。之所以如此，这是由政府及其行使的行政权在社会生活中的地位决定的。食品安全是攸关每一个民众的大事，而行政权在社会生活中的行使具有最广泛性和最全面性，因而，由政府主导食品安全风险防控具有必然性与可行性，健全的食品安全风险社会共治体系应当充分发挥政府的主导作用。

二是企业主体地位的积极彰显。《食品安全法》第四条规定："食品生产经营者对其生产经营食品的安全负责。食品生产经营者应当依照法律、法规和食品安全标准从事生产经营活动，保证食品安全，诚信自律，对社会和公众负责，接受社会监督，承担社会责任。"食品生产经营者就是企业，该条明确地指出了食品安全风险防控中企业的主体地位。这里的企业应做广义理解，既包括市场经济中常见的法人（营利法人、非营利法人和特别法人），还包括非法人组织、自然人、个体工商户和农村承包经营户等。企业是市场经济的基本细胞，是社会分工合作的产物，是提供、生产、加工、运输食品原材料的主体，自然也是食品安全风险防控的第一责任人。无论从哪个角度分析，构建食品安全风险社会共治体系，都离不开企业主体地位的充分彰显，这既是企业安身立命的基石，也是企业道德责任、社会责任、法律责任的基本要求。

三是社会广泛参与的真正实现。《食品安全法》第九条至第十二条规定了食品安全风险防控中的社会参与问题，涉及的主体极为广泛。其中，食品行业协会的职责为加强行业自律，按照章程建立健全行业规范和奖惩机制，提供食品安全信息、技术等服务，引导和督促食品生产经营者依法生产经营，推动行业诚信建设，宣传、普及食品安全知识；消费者协会和其他消费者组织的职责为对违反《食品安全法》、损害消费者合法权益的行为，依法进行社会监督；社会组织、基层群众性自治组织的职责为开展食品安全法律、法规以及食品安全标准和知识的普及工作，倡导健康的饮食方式，增强消费者食品安全意识和自我保护能力；新闻媒体的职责为开展食品安全法律、法规以及食品安全标准和知识的公益宣传，并对食品安全违法行为进行舆论监督；相关科研机构的职责为开展与食品安全有关的基础研究、应用研究，推动农药替代产品的研发和应用。与此同时，《食品安全法》还规定任何组织或者个人都有权举报食品安全违法行为，依法向有关部门了解食品安全信息，对食品安全监督管理工作提出意见和建议。从立法内容可知，食品安全涉及社会的方方面面，只有社会广泛参与，才能将可能的风险降至最低，这既是社会共治的基本要求，也是防控食品安全风险的必由之路。

二、成都市食品安全风险社会共治体系建设的基本情况

《食品安全法》及相关法律法规搭建起我国食品安全风险社会共治体系

的基本内容，这一体系在成都市是怎样建设的，既是本报告研究的重点问题，也构成了后面改革建言的基础。

近几年来，成都市围绕创建国家食品安全示范城市这一目标，在食品安全风险社会共治体系建设方面做了大量工作，主要体现在以下几方面。

（一）政府的主导作用

成都市食品安全风险社会共治体系建设中政府的主导作用主要表现在以下几个方面。

第一，高度重视食品安全风险防控工作，出台党政同责文件，落实相关组织的体系建设。2018 年 6 月，中共成都市委办公厅、成都市人民政府办公厅印发《关于落实食品安全党政同责的意见》，提出要把食品安全作为必须坚守的底线，纳入各级党委、政府重要议事日程，扎扎实实解决食品安全问题，提升人民群众的幸福感和获得感。同时要求，各级党委和政府应紧紧围绕加快建设全面体现新发展理念的城市，奋力实现新时代成都"三步走"战略目标，深入实施食品安全战略，进一步加强党委对食品安全工作的领导；要求强化政府的食品安全属地管理责任，着力构建党委和政府负总体责任、企业负主体责任、监管部门负监管责任、相关部门负协管责任、社会各方负共治责任的食品安全"五位一体"的责任体系。各级党委、政府要建立健全科学公正的综合考评机制，将食品安全工作纳入领导班子和领导干部政绩考核等考核体系，将考核评议结果作为干部任用选拔、评选先进和奖励惩戒的重要依据。对落实食品安全党政同责不力，或履职不力造成重大损失或者恶劣影响的，对党政领导依照有关规定严肃处理。

此外，成都市还注重加强行政区域内各级食品安全委员会及食安办的建设，做到综合协调、监督指导、督查考评等机制制度健全，各成员单位食品安全职责清晰。为此，成都市专门下发了文件，要求辖区内各区县、乡镇政府按要求设立食品安全委员会及其办公室，由区县、乡镇政府的主要领导任食品安全委员会主任，食品安全监管部门负责人任食安办主任。截至 2018 年 6 月，成都市所属各区县、乡镇已完成食品安全委员会及其办公室设立工作，每年度召开会议不少于 4 次，食品安全联络员会议、培训会等按要求定期召开，基本做到了将食品药品监管（市场监管）职能延伸到乡镇（街道）或片区，各项工作的运行较为有效，确保事有人做、责有人负。

第二，注重强化食品安全源头治理，相关工作成效显著。从 2008 年至 2014 年，成都市先后对实行食品生产许可制度（QS）的 27 类食品和实行检疫检验的 6 大类食用农产品，以及豆芽、豆腐实行了市场准入制度，基本涵盖与老百姓生活密切相关的食品品种。为推进农产品市场准入制度的顺利实施，成都市农委组织在全市实施了蔬菜、水果和食用菌的产地准出，制定了农产品质量安全产地准出证明模版，印发了《成都市〈农产品质量安全产地准出证明〉管理规定》，在全市 146 个基层农业技术综合服务站增挂了农产品质量安全监管站牌子，在全部基层农业技术综合服务站统一建立了面积在 30 平方米以上的农残、兽残检测室，配备了农药、兽药等残留检测的设备和电脑、打印机等专用设备，有效地增强了农产品质量安全检测手段。2008 年 12 月，成都市启动了生猪产品质量安全可追溯系统建设。生猪追溯体系采用 RFID 溯源标签技术模式，通过建立覆盖生猪进厂、屠宰、检疫、检验及肉品出厂等关键环节的全程信息管理，以生猪产地检疫证明为生猪来源依据，以肉品交易凭证和绑定在猪腿上的 RFID 电子标签为流向依据，实现来源信息与流向信息的对接。2010 年 6 月，成都市开始蔬菜流通追溯体系建设试点。蔬菜追溯体系采用 IC 卡技术模式，通过在批发环节建立覆盖蔬菜进场登记、农残检测及交易等关键环节的全程信息管理，以蔬菜产地证明或检测合格证明为蔬菜来源依据，以蔬菜交易凭证、肉类蔬菜流通服务卡为蔬菜流向依据，确保来源信息与流向信息相关联。经过多年建设，成都市已基本实现生猪、蔬菜品种"来源可追溯、去向可查证、责任可追究"。追溯管理工作的加强，不仅提升了政府监管能力，强化了企业主体责任，而且增强了群众消费信心，形成了监管部门、市场主体、消费群体多方共治、共赢的格局。

第三，注重强化餐饮业食品质量安全提升整体工程，扎实推进新量化分级试点工作。成都是川菜重要的发源地之一，也是联合国教科文组织授予的亚洲首个"世界美食之都"。全市常住人口 1600 多万，食品消费需求旺盛，餐饮业繁荣发达。2017 年，全市地区生产总值超过 1.3 万亿元，其中食品工业增加值超过 1200 亿元，餐饮业零售额达 794 亿元。餐饮业原量化分级制度从 2002 年开始推行，尽管在 2012 年进行了大的改进，但随着经济社会的发展，原评价办法等级划分粗放、标准设置陈旧、评定过程烦琐、评定与应用脱节等问题日益凸显，已越来越不适应餐饮业多样化发展的现状，未能真正起到分级分类科学监管的作用，也无法满足公众放心消费、明白消费的需求。为此，成都市在 2018 年 6 月启动了新量化分级试点工作，主要做法体现在以下几方面。

（1）合理设置分级，推动管理精细化。原量化分级只设置了 A、B、C（优秀、良好、一般）三个等次，分类比较粗放、笼统。新量化分级试点设置了五个等级，从高到低用阿拉伯数字"5、4、3、2、1"表示，分别对应"很好、好、中等、一般、整改"五级食品安全水平，并改变了原来"整改"情形无级别设置的状态，60 分以下也设有级别，充分切合餐饮业质量安全水平渐进式上升的科学发展规律，更贴近餐饮单位管理水平差异化的现实，也更能客观准确地反映餐饮服务食品安全水平的梯度，为实施更精细化的分类管理奠定了扎实的基础。

（2）优化评定流程，增强评价便利性。原量化分级评定模式分为年度等级评定、动态等级评定，由监管人员根据上年度的等级评定结果，在一年内进行 1~4 次不等的动态等级评定，频次要求难以真正落实。具体操作中，根据每一个小项进行现场检查再评分，检查后的评分及统计工作量巨大，基层疲于应对。新量化分级化繁为简，省去动态、年度之分，优化评级表格，检查问题记录采取在检查要点表中直接勾选的形式，极大地减少了日常监督检查的记录时间和检查次数，提升了评定检查和日常监管的效率。

（3）完善评价指标，保障评价科学性。原量化分级评价指标设置不合理。如"检查项目""检查内容""分值"三项，评定指标均以"是否"描述，得分还是扣分不清晰，操作时常易混淆。新量化分级试点重新贴合行业和监管实际完善了评价指标，建立了适合所有餐饮服务单位类型的评价体系，科学性、合理性及公平性兼具。同时注重评定的操作性，等级评定表增设了"序号"和"结果判定"，"序号"为每条指标指定了代号，便于信息化建设；"结果判定"明确了"符合""不符合""不适用"三种勾选项。"不适用"选项针对不同规模大小、特色餐饮单位的实际情况，确定该指标的适用性，防范不同餐饮单位适用一把尺子衡量的弊端，在此思路下，小餐饮店也可以获评最高级别5级。

（4）搭载智慧平台，提升监管针对性。原量化分级及结果公示仅有单一的线下模式。在试点中，成都将新量化分级作为对餐饮业智慧监管的重要举措，开发了量化分级智能管理模块，可实现等级评定、公示、查询一体的信息化管理。实施过程中，还首创红黄牌自动警示管理。将社会评价低的、发生食品安全事故的餐饮店列入红牌重点管理；将在日常监督检查中被监管部门要求限期整改的餐饮店，列入黄牌管理。量化分级评定指标项、得分扣分情况等信息由监管人员手持终端（例如平板电脑）提交至智慧监管平台，并将信息查询入口的二维码加载于餐饮消费场所的食品安全等级公示图中，监管人员和消费者可随时查询食品安全等级、许可信息、抽检信息、监管信息、处罚情况等信息。

（5）运用改革结果，激发主体积极性。原量化分级公示主要公布A级名单，消费者很少把等级作为选择餐厅的条件，等级评定高低与餐饮单位的切身利益并不挂钩，被评为B、C级的单位抱无所谓的消极态度。试点中充分重视等级评定结果的运用，加大公开、公示力度，设置五级模式，相较原三级梯次，提升级别更容易，对于餐饮服务单位通过整改提升级别具有更强的引导和激励作用，有利于激发餐饮服务单位争创食品安全高等级的积极性。

（6）引入社会评价，提高公众参与度。原量化分级是单一的监管部门专业评定的方式，缺少公众参与，评价结果与公众感受往往不一致。新量化分级引入社会评价机制，提供消费者参与通道，通过监管部门的专业评定与消费者参与相结合，增强等级评定的客观性，更贴合市场评价和民众的真实感受。同时，新的食品安全等级公示图，增设了经营者名称、场所、评定机关鲜章等要素，且附有网址或二维码查询功能，一扫码就可以直接了解相关信息，提高了消费者参与的便利性，大大地激发了消费者社会监督的积极性。

第四，注重对食品安全工作的日常监管，强化对食品安全违法犯罪的打击力度。在这方面，成都市主要开展的工作有以下几项。

（1）加强智慧监管，运用大数据提升食品安全治理现代化水平。主要表现为：重点围绕行政审批、监管检查、稽查执法、应急管理、检验监测、风险评估、信用管理、公共服务等业务领域，实施"互联网＋"食品安全监管项目，推进食品安全监管大数据资源共享和应用，建立完善的监管对象数据库和高效的信息化监管系统，提升适应食品监管实际需要的信息化监管能力，实现"机器换人"。目前，成都市各区县的食品安全监管综合平台已经建成，且运行情况良好。

（2）对食品生产经营者严格的现场检查。主要表现为：实施标准化现场检查制度，实现现场检查规范化、监管信息公开化。对食品生产经营者、食品添加剂生产企业开展风险等级划分，科学地制定市、区县两级检查计划，确定检查项目、频次，对各类监管对象进行日常监督检查、体系检查和飞行检查，实现现场检查的全覆盖。

（3）强化抽样检验。主要表现为：市、区县两级食品安全监管部门承担本行政区域内具有一定规模的市场销售的蔬菜、水果、畜禽肉、鲜蛋、水产品、奶等产品中农药兽药残留抽检任务以及对小企业、小作坊和餐饮服务单位抽检的任务；全面掌握本地使用的农药兽药的品种、数量，特别是各类食用农产品在种植、养殖过程中的农药兽药使用情况，确保制订的年度抽检计划和按月实施的抽检样本数量能结合群众关心的食品安全问题，覆盖当地生产销售的品种，且每个品种的抽样不少于20个；对不合格产品及时、全面地开展上下游溯源追查以及产品召回、处置等后续工作。比如，仅2018年1～5月，成都市食药监系统共完成各类检品26216批，其中食品24406批，含国家级任务1771批，省级任务718批（抽检不合格率为18.38%），市级任务11586批（抽检不合格率为12.4%）；药品1610批；化妆品200批。

（4）严厉打击食品安全违法犯罪行为。明确案件查办事权落实到位，完善案件查办制度，严格规范案件查办行为。对本地发现的或外地通报的违法线索，及时、全面地开展调查，依法做出行政处罚，严格地执行"处罚到人"的规定，强化案件查办信息公开。涉嫌犯罪的按照有关规定及时移交公安机关，没有出现"以罚代刑"的情况。同时，注重完善由政法委牵头，政法机关和食品安全监管部门共同参与的协调机制，全面贯彻落实《食品药品行政执法与刑事司法衔接工作办法》，有效建立地区间、部门间食品安全违法案件查办联动机制，做好涉案物品检验与认定、办案协作配合、信息共享、涉案物品处置等工作。注意及时将达到行政拘留等治安管理处罚标准或者涉嫌犯罪的案件移送公安机关处理。公安机关依法审查，对有犯罪事实需要追究刑事责任的情况及时立案侦查。市、区县两级公安机关均明确了由专门机构和人员负责打击食品安全犯罪，加强打击食品安全犯罪的专业力量的建设，强化办案保障。对司法机关追究刑事责任的案件，各级监管部门要及时依法做出相应的行政处罚。比如，2018 年 1~5 月，成都市食药监系统就立案查处食品药品安全违法案件 1631 件，处罚没款 1811.3 万元，形成了对违法行为的高压态势。

第五，建立健全食品安全诚信体系，大力推动食品安全信息公开。成都市、区县两级政府已建立并完善了食品安全诚信管理制度，将与食品生产经营相关的法人和非法人组织、个人的食品安全信用状况全面纳入社会诚信体系范围，对各类食品生产经营者的食品安全信用信息全面、准确地记录并及时更新，食品安全失信行为在金融、土地、许可等各领域得到联合惩戒。与此同时，各监管部门建立了信用信息管理制度、食品生产经营者信用档案及食品安全信用信息数据库，注意将各类食品生产经营企业的行政许可、行政处罚、抽查检查结果等信息，通过相关的信用信息系统统一归集、记录并予以公示。

（二）企业的主体地位

成都市食品安全风险社会共治体系建设中企业的主体作用主要表现在以下几方面。

第一，注重落实食品安全自查制度。成都市要求食品生产经营者建立健全食品安全自查制度，定期对食品安全状况进行检查评价，对于有食品安全事故潜在风险的生产经营单位，责令立即停止食品生产经营活动，并向所在地县级相关监督管理部门报告。与此同时，成都市注重利用第三方机构，全面推行良好的质量管理规范体系，进一步规范和升级企业生产经营行为，促进产品质量升级；鼓励和推动在食品企业实施生产质量管理规范（GMP），抓好产品质量控制；在食品企业全面实施危害分析和关键控制点管理体系（HACCP），督促企业加强风险控制，消除安全隐患；鼓励和推动企业采用先进标准，创制具有自主权和核心竞争力的标准，推进产品质量升级。统计数据显示，通过近 3 年的努力，成都全市规模以上食品生产企业 HACCP、GMP 等认证率已达到 80% 以上。

第二，落实食品安全许可条件和相关行为规范。成都市要求依法应获行政许可方能生产经营的食品生产经营单位应全部取得许可证件，并持续符合许可条件；要求食品生产经营单位严格执行国家食品生产通用的卫生规范、食品经营过程卫生规范，严格执行食品安全国家标准，依法依规公示相关信息。截至 2018 年 6 月底，全市农村自办的一次性就餐人数达到 100 人以上的群体性宴席的备案、审核率已达 100%；入网餐饮服务提供者的食品经营许可证公示率达 80%；"明厨亮灶""食品溯源电商平台""小餐饮单位备案"等工作也在稳步推进中；同时，成都市已打造了锦里、宽窄巷子、琴台路、太古里等多条示范街，共有 1000 多家餐饮单位进行了餐饮业质量提升的改造。

第三，健全对从业人员的各项管理制度。成都市要求全市规模以上的食品生产经营单位设置食品安全管理机构，明确分管负责人，配备食品安全管理人员，加强对其的培训和考核；要求食品生产经营单位负责人、食品安全管理人员、主要从业人员每人每年接受关于食品安全法律法规、科学知识和行业道德伦理的集中培训不少于 40 小时。与此同时，成都市要求食品生产经营者应建立并执行从业人员健康管理制度，从事接触直接入口食品工作的食品生产经营人员取得健康证明后方可上岗工作。对于不符合要求的食品生产经营单位，成都市各级监管部门发现一起、查处一起，做到了件件有落实。

第四，完善集中交易市场管理规范。成都市要求全市食用农产品批发市场、大型农贸市场开办者全面落实食品安全管理责任，建立并严格实施入场销售者准入和退市、检验、自查、主动报告、信息公示等制度，督促入场销售者依法依规从事销售活动。要求入场销售者主动落实食品安全主体责任，建立并严格实施进货查验记录制度，不得销售禁止销售以及来源不明的食用农产品。

第五，规范处置畜禽产品废弃物，依法及时召回不安全食品。成都市要求全市屠宰企业、肉类加工企业等单位应当按照规定单独收集、存放以及处理本单位产生的肉类加工废弃物或检验检疫不合格的畜禽产品，建立相关制度及台账，且保存期限不得少于二年。与此同时，要求全市食品生产者不论通过何种方式知悉其生产经营的食品属于不安全食品的，都应当主动召回，相关食品经营者知悉后应当采取措施配合；食品经营者对因自身原因所导致的不安全食品，应当依法依规主动召回。食品生产经营者应当依法依规对退出市场的不安全食品采取处置措施，并如实记录停止生产经营、召回和处置不安全食品的相关信息，记录的保存期限不得少于二年。

（三）社会的广泛参与

成都市食品安全风险社会共治体系建设中社会的广泛参与主要表现在以下几方面。

第一，注重加强食品安全宣传教育，普及食品安全法律、法规、标准和知识，倡导健康的饮食方式，增强消费者的食品安全意识和自我保护能力。据统计，《食品安全法》颁布后的1年内，成都市各级各部门举办各类有关食品安全的专题讲座450场次，培训相关人员达1.9万人次；组织生产经营者专题培训595场次，受训的食品从业人员达5.2万人次；通过电视广播、微电影、知识竞赛、门户网站、微博微信等形式开展了食品安全的普法宣传。2018年以来，围绕创建国家食品安全示范城市这一目标，成都市又重点开展了"食品安全宣传周""食品安全社区行""食品安全知识大讲堂""互联网＋食品安全法治科普体验站"建设等活动，努力营造"科学、诚信、守法"的食品安全营销环境。成都市还开展了食品药品安全宣传，如食药标准知识讲座，组织专家进社区、进学校、进企业，以现实生活中人们对饮食、药品安全标准的误区为题材，对相关知识进行宣讲，旨在提升企业采标用标的能力、强化基层监管能力和人民群众饮食用药安全素养。

第二，注重社会监督渠道的畅通，完善奖励举报机制。成都市开通了食品安全网络投诉举报平台，设立了统一的投诉举报电话，建成覆盖市、区县两级的投诉举报业务系统，实现网络24小时畅通，电话在受理时间内的接通率大于90%，按法定时限的回复率、有效处置率均达100%，同时鼓励食品生产经营企业员工举报违法行为，建立举报人保护制度，设立举报奖励资金，并及时兑现。成都市区域内的自然人、法人和其他组织均可通过电话、信函、传真、微信、微博、走访等形式，反映食品药品违法行为、提供违法线索，经查证属实后即予以奖励。2016年，成都市食药监局、市财政局颁布的《成都市食品药品违法行为举报奖励办法（试行）》（以下简称《奖励办法》）突出了以下几方面的内容：

一是提高了举报奖励的标准。一级举报按案件货值金额的 8%～12% 给予奖励；按比例计算奖励金额不足 1000 元的，按 1000 元奖励。二级举报按案件货值金额的 4%～8% 给予奖励；按比例计算奖励金额不足 600 元的，按 600 元奖励。三级举报按案件货值金额的 2%～4% 给予奖励，按比例计算奖励金额不足 200 元的，按 200 元奖励。

二是细化了举报奖励的具体情形。《奖励办法》中增加了"奖励情形"部分，共计梳理出常见食品药品违法行为 63 项，其中食品领域 26 项、保健食品领域 7 项、药品领域 15 项、医疗器械领域 9 项、化妆品领域 6 项。

三是精简了举报奖励发放的流程。《奖励办法》中规定执法部门下达《行政处罚决定书》或将案件移送司法机关后，奖励金即可发放，奖励的发放不受处罚决定最终执行情况的影响；增加了对于不超过 300 元（含 300 元）的小额奖励金的情形，举报人可选择以电话充值的方式领取。

四是增加了对举报人的保护措施。对于重大举报案件（奖励金额超过 2 万元的、业内人士举报或者举报人要求保密的举报案件）中对举报人的奖励，由各级食品药品监管局投诉举报机构和党风廉政主体责任机构负责人直接办理奖金的申请、审核、发放，并强化了对举报人的保护措施。

为了进一步调动人民群众参与举报工作的积极性，成都市监管部门将《奖励办法》相关内容列为当年度宣传工作的重点和创建国家食品安全城市宣传的重要内容，并充分挖掘和利用资源，开展全方位、立体式宣传，力争做到《奖励办法》相关内容在全市家喻户晓，使食品、药品举报奖励成为推动食品药品安全社会共治的有效"杠杆"。

以上举措收到了良好的效果。以 2017 年为例，成都市当年共接到食品药品方面的投诉举报、咨询 26758 件，受理 26546 件，办结率 100%；全市累计发放举报奖励 1496 件，发放举报奖励金 182.39 万元，产生了良好的社会效果。

第三，注重充分发挥新闻媒体、行业协会、消费者协会的监督、维权作用。这主要表现在以下几方面：

一是当地新闻媒体如《成都商报》《华西都市报》等积极开展食品安全

法律、法规以及食品安全标准和知识的公益宣传，注重弘扬正面典型，对食品安全违法行为进行舆论监督，产生了良好的效果。

二是鼓励和支持本地行业协会制定行规行约、自律规范和职业道德准则，建立健全行业规范和奖惩机制，主动发现、解决本地行业共性隐患问题，引导和促进食品生产经营者依法履行不安全食品的停止生产经营、及时召回和处置义务，制定严于食品安全国家标准的团体标准。

三是强化消费者协会的维权功能，建立食品领域矛盾第三方调解工作机制，积极预防或妥善化解食品安全领域矛盾；与此同时，成都市、区县两级消费者组织建立了较大食品安全案件公益诉讼、专项督导等制度，对于有效解决较大的食品安全消费纠纷发挥了重要作用。统计数据显示，2013~2017年5年间，成都市各级消协组织共受理消费投诉近5万件，接待消费咨询12.6万起，帮助消费者挽回经济损失9720多万元，其中涉及食品安全的投诉、咨询约占10.36%。

第四，建立健全了食品安全风险交流制度。成都市按照科学、客观、及时、公开的原则，定期组织食品生产经营者、食品检验机构、认证机构、食品行业协会、消费者协会以及新闻媒体等进行交流沟通，有效防范及化解了食品安全风险，产生了良好的社会效果。

三、成都市食品安全风险社会共治体系建设的实效调研

（一）调研设计与调查对象

考察成都市食品安全风险社会共治体系现状仅仅停留在描述性阶段是远远不够的，还需要深入实际，借助走访座谈、问卷调查，通过统计数据等方式来进行客观地分析。为此，2018年3月1日至4月30日，我们通过网络问卷调查的方式在成都市进行了问卷发放，在不限定调查对象的年龄、性别、身份、职业、学历等因素的情况下，共收集到966份有效问卷，问卷内容的设置主要以单项选择题和不定项选择题为主。除此之外，同一时间段内，我们还走访了成都市食品药品监督管理局及下属的3个区县的食品药品监管机构，与20多名食品药品监管人员进行了座谈，收集了大量的第一手资料。以下以问卷调查的数据为主，结合走访座谈的情况，对成都市食品安全风险社

会共治体系的实效略加分析。

在我们的问卷调查中，受众涉及成都市所属的16个区县，占全部区县（含成都高新区和天府新区成都直管区）的比例为72.73%。全部966份问卷中，年龄在18~45岁的答卷人员占了63.04%，是填写问卷的主要人群。调查问卷对象的受教育程度并不单一，公务员人群占了一定比例，并且该群体人员行政级别大多为处级以下，因此，可以判断此调查问卷获取的数据具有普遍性、客观性、典型性特点，调查结果对分析成都市食品安全风险社会共治体系的实效具有较大的参考价值，见表1。

表1　被调查对象的基本情况

	变量值	人数/人	占比/%
性别	男	510	52.8
	女	456	47.2
年龄	18岁以下	132	13.66
	18~45岁	609	63.04
	46~60岁	120	12.42
	61岁及以上	105	10.87
受教育程度	初中以下	9	0.93
	初中	144	14.91
	高中	129	13.35
	本科	462	47.83
	硕士、博士	222	22.98
身份	公务员	54	5.59
	事业单位人员	180	18.63
	企业员工	330	34.16
	自由职业者	75	7.76
	其他	327	33.85

（二）调研数据之统计分析

调查结果显示，分别有70.57%和12.73%的人认为当前成都市食品安全整体形势"不严重"或者"一般"，认为"很严重""严重""较严重"的人数合计只有14.49%，这表明成都作为食品消费特大城市，食品安全问题并不突出，也从一个侧面印证了成都市食品安全风险防控措施的有效性。与此相对应，被调查者对互联网食品安全整体形势的评价不高（见图2），选择"不严重"或者"一般"的合计仅占42.85%。对于"当前我国食品安全问题最常见的情形"这一问题（见表2），分别有高达85.09%和80.12%的被调查者选择了"滥用食品添加剂"以及"食品达不到国家卫生标准"，有50%的被调查者认为"转基因食品存在安全问题"是常见问题。当问及当前我国食品安全问题频发的主要原因时（见图3），有84.78%的被调查者选择了"监管体制、措施不到位"，其次是"违法企业和个人利欲熏心"和"法律对违法者的惩戒力度不够"，相对较少的被调查者倾向于"食品安全标准不高"。

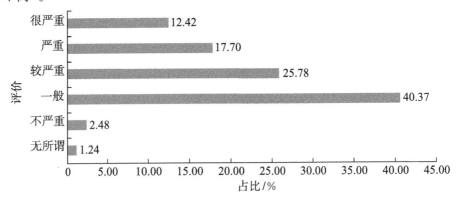

图2　对互联网食品安全整体形势的评价

表2　当前我国食品安全问题最常见情形（多选题）①

选项	人数/人	占比/%
食品中含有有毒有害物质	666	68.94
食品达不到国家卫生标准	774	80.12

---

① 多选题百分比计算方法：多选题选项百分比 = 该选项被选择次数÷有效答卷份数，意为选择该选项的人次在所有填写人数中所占的比例，所以对于多选题百分比相加可能超过百分之一百。举例说明：有10个填写了一道多选题，其中6个人选择了A，5个人选择了B，3个人选择了C，则选择A的比例是60%，选择B的是50%，选择C的是30%。

续表

选项	人数/人	占比/%
食品中使用非食品原料	660	68.32
滥用食品添加剂	822	85.09
食品已过保质期	534	55.28
转基因食品安全问题	483	50
其他问题	48	4.97

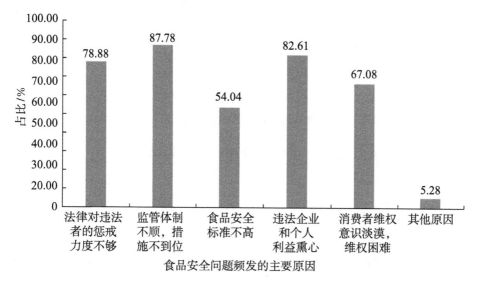

图 3　当前我国食品安全问题频发的主要原因（多选题）

　　与此同时，调研显示，大部分的被调查者在日常生活中都遇到过食品安全问题。81.37% 的被调查者会因国内食品安全事件的频发而担心周围的食品安全问题。被调查者表示在遇到食品安全问题时（见图 4），有 61.8% 的人会选择"向监管部门、消费者协会投诉、举报"，但是 47.83% 和 40.06% 的被调查者会分别选择"通过微博、微信等新媒体曝光"和"忍气吞声、不了了之"。此外，调查显示，被调查者通常会通过"坚决不购买存在安全风险的食品"和"积极主动投诉、举报"来确保自身的食品安全（见表 3）。

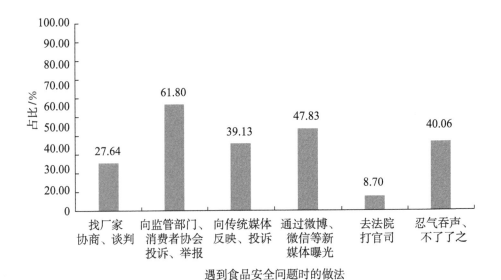

图4 被调查者遇到食品安全问题时的做法（多选题）

表3 被调查者确保自身食品安全的方式（多选题）

选项	人数/人	占比/%
加强食品安全知识的学习	741	76.71
坚决不购买存在安全风险的食品	774	80.12
积极主动投诉、举报	774	80.12
采取法定措施主动维权	741	76.71
其他	34	3.73

食品安全信息公开是食品安全风险防控中尤为重要的一个环节，被调查者中的绝大多数人都相信"政府发布的信息"和"主流媒体报道"，但仍有39.13%的被调查者相信通过"微信（微博）推送的信息"（见图5）。由此可见，在互联网普及的背景下，食品安全信息公开的方式方法也应与时俱进。

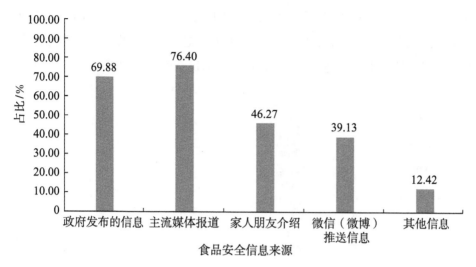

图 5　被调查者的食品安全信息来源（多选题）

当被问及成都市食品安全治理中的参与主体时，统计结果显示，除了监管部门以外，大多数被调查者都认为其他主体的广泛参与具有必要性，详见图 6。

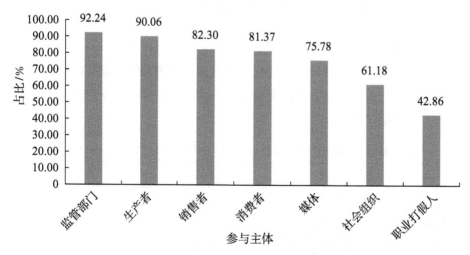

图 6　成都市食品安全风险治理中应参与的主体（多选题）

与此同时，被调查者认为在成都市食品安全风险治理中，最应关注的环节是食品生产加工，其次才是食品的销售和餐饮环节，详见图 7。成都市食品安全风险治理中，政府、生产者和销售者、消费者协会等组织各自承担相应的责任，被调查者认为参与治理的主体的防控工作应当从不同的层面进行加强。这表明，随着《食品安全法》的颁布实施，"社会共治"的理念在食品安全风险防控中已经得到了广泛认可，成为民众的普遍共识。

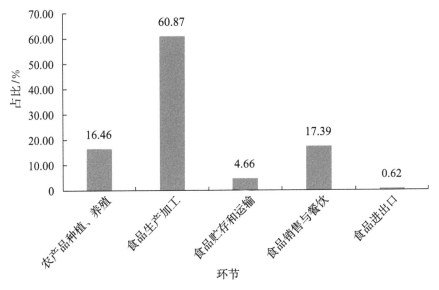

图7 成都市食品安全风险治理中最应关注的环节

就成都市政府部门在食品安全风险防控中应加强的工作而言，绝大多数意见主要集中在理顺监管体制、强化监管合力，完善监管手段与措施，严格落实奖励机制，加强食品安全风险监测与评估，强化食品安全信息公开等几个方面，详见表4所示。

表4 成都市政府部门在食品安全风险防控中应加强的工作（多选题）

选项	人数/人	占比/%
加强普法宣传	576	59.63
理顺监管体制、强化监管合力	780	80.75
加强食品安全风险监测与评估	744	77.02
完善监管手段与措施	774	80.12
强化食品安全信息公开	711	73.60
严格落实奖励机制	726	75.16
其他工作	48	4.97

　　就成都市食品生产经营者在食品安全风险防控中应加强的工作而言，绝大多数意见主要集中在加强食品生产、流通各环节的管理，主动接受外部监督、检查，加强对员工队伍的教育管理，积极参加食品安全责任保险等几个方面，详见表 5 所示。

表 5　成都市食品生产经营者在食品安全风险防控中应加强的工作（多选题）

选项	人数/人	占比/%
提升遵纪守法意识	732	75.7
加强对员工队伍的教育管理	663	68.63
加强食品生产、流通各环节的管理	837	86.65
主动接受外部监督、检查	804	83.23
积极参加食品安全责任保险	654	67.70
其他工作	45	4.66

　　就成都市社会组织在食品安全风险防控中应加强的工作而言，绝大多数意见主要集中在加强与监管部门的配合与沟通，强化对消费者维权的支持，通过传播媒体揭露、批评违规违法行为，加强行业自律管理，普及食品安全知识等几个方面，详见表 6 所示。

表 6　成都市社会组织在食品安全风险防控中应加强的工作（多选题）

选项	人数/人	占比/%
普及食品安全知识	684	70.81
加强行业自律管理	699	72.36
加强与监管部门的配合与沟通	828	85.71
通过传播媒体揭露、批评违规违法行为	741	76.71
强化对消费者维权的支持	762	78.88
其他工作	57	5.9

　　全部调查对象中，就成都市食品安全风险社会共治体系建设的现状而言，选择比较满意、满意、很满意的合计为 739 人，占比达 76.50%；与此同时，选择不满意、很不满意的合计为 227 人，占比仅为 23.50%，具体详见表 7。

这表明，经过长时间的建设，成都市食品安全风险社会共治体系得到了大多数人的支持，但也存在一些问题有待改进。

表7　对成都市食品安全风险社会共治体系现状的满意度

选项	人数/人	占比/%
很满意	86	8.90
满意	262	27.12
比较满意	391	40.48
不满意	179	18.53
很不满意	48	4.97

四、我国食品安全风险社会共治体系相关制度的立法完善

（一）立法沿革

从时间维度审视，我国食品安全风险防控之立法历经探索、形成和发展三个时期。从2009年第一部《食品安全法》的颁布到2015年新修订的《食品安全法》的出台（后于2018年、2021年两次修正），我国的食品安全风险防控机制逐步完善。

1. 2009年以前：探索期

2009年以前，我国还没有食品安全法，食品安全风险防控处于探索阶段。中华人民共和国成立初期直至改革开放前，受计划经济模式和社会发展水平的局限，发展生产、保障粮食供给，进而解决温饱问题才是我国食品工作的主要目标，对于食品安全问题则考虑较少，防控食品安全风险更是无从谈起。1965年，国务院颁布了《食品卫生管理条例》，专门规制食品安全。但是该条例仅从生产加工和生产卫生条件几个环节对食品安全进行了简单规制，涉及的食品种类也有限，没有明确提及风险防控问题。

食品安全事关公众身体健康，在基本温饱得到解决后，食品安全问题便纷至沓来，防控食品安全风险逐渐被提上议事日程。1995年，我国《食品卫生法》正式颁布，这标志着食品安全风险防控首次进入国家立法的视野，进而成为社会瞩目的焦点问题。此时，食品安全风险防控制度建设开始起步，防控重心放在被动监管上，缺乏具体的模式与详细的规定。这一时期，我国

主要实施了绿色食品模式①和以 HACCP 为主体的食品生产加工双环节控制模式。② 自此，食品安全风险防控理念转向主动预防，防控环节拓展至农业生产和食品生产加工，防控面增大。③ 在此时期，从有关立法的规定看，我国进入了风险防控的探索期，一系列立法及文件，如《环境保护法》（1989）、《安全生产法》（2002）、《关于进一步加强食品安全工作的决定》（2004）、《关于加强食品等产品安全监督管理的特别规定》（2007）等先后颁布或出台，对食品安全的诸多领域进行规范，在一定程度上体现出对风险防控的关注。这些均可看作是《食品安全法》颁布的前期尝试，为《食品安全法》的出台奠定了基础。总体来看，此阶段食品安全风险防控主要体现为政府监管的单一形式，社会共治体系建设尚处于摸索阶段。

2. 2009 年至 2013 年：形成期

这一阶段，随着市场经济体制的确立，我国食品安全管理机制逐步向多部门分段式监管发展。与此同时，虽然政府监管技术和监管能力不断提升，但是食品安全事件依旧频繁发生。2009 年通过的《食品安全法》第一次将食品安全风险评估制度纳入法制化轨道，标志着食品安全监管从食品安全的事后管制逐步过渡到对风险的事先防控。整体而言，《食品安全法》对食品安全风险监测制度规定得较为详尽，这样能够更好地提升风险防控效率，有效控制风险。④ 除此之外，《食品安全法》也有诸多条文涉及风险评估、风险预警、风险处置的内容，食品安全风险防控机制开始成型。2013 年实施的《国务院机构改革和职能转变方案》从顺应社会发展趋势、更好地保障民众切身利益的角度出发，在整合国务院食品安全委员会办公室、国家食品药品监督管理局、国家质量监督检验检疫总局、国家工商行政管理总局职责的基础上，新建了国家食品药品监督管理总局，这无疑开启了我国食品安全风险防控的

---

① 绿色食品模式是随着中国绿色食品的兴起而发展起来的，该模式的实施重点包括两个方面：一是产地环境的监控，由环境监测机构依据环境质量标准对产品及原材料产地环境实施监测和评价；二是生产过程的管理，要求农户和企业严格按照生产操作规程和技术标准组织生产。
② 食品生产加工双环节控制模式以 HACCP 在食品生产、加工企业的应用为标志。
③ 刘为军：《中国食品安全控制研究》，西北农林科技大学 2006 年硕士论文。
④ 李志琴、潘云华：《食品安全法的立法缺陷与完善》，载《重庆科技学院学报（社会科学版）》2010 年第 5 期。

新局面。在此基础上，社会各界的风险防控理念不断提升，风险防控的运作效果日益凸显。

2009 年《食品安全法》第七条规定："食品行业协会应当加强行业自律，引导食品生产经营者依法生产经营，推动行业诚信建设，宣传、普及食品安全知识。"第八条规定："国家鼓励社会团体、基层群众性自治组织开展食品安全法律、法规以及食品安全标准和知识的普及工作，倡导健康的饮食方式，增强消费者食品安全意识和自我保护能力。新闻媒体应当开展食品安全法律、法规以及食品安全标准和知识的公益宣传，并对违反本法的行为进行舆论监督。"由此可见，此阶段食品安全风险防控开始从单一的政府监管转向政府部门、行业协会、社会团体、基层群众自治组织、新闻媒体协同治理，但立法并未明确提出"社会共治"这一概念。

3. 2013 年以后：发展期

随着互联网的兴起与普及，中国社会迎来了新一轮的发展与转型。新的时代背景下，2009 年《食品安全法》确立的政府主导型食品安全监管模式已经不能顺应社会发展的需求。基于由社会管理向社会治理转变的现实情况，中国必须加快食品安全治理中的民主化与法治化进程，促进食品安全由传统的政府主导型管理向"政府主导、社会协同、公众参与"的协同型治理转变，在食品安全风险防控中引入第三方力量，积极引导、扶持、鼓励多方参与食品安全风险治理，这既是食品安全风险治理力量革命性的提升，更是风险治理理念创新性的改革，将对食品安全风险防控产生难以估量的特殊作用。为此，《食品安全法》在 2015 年迎来了较大幅度的修改，修改后的立法在第三条明确规定："食品安全工作实行预防为主、风险管理、全程控制、社会共治，建立科学、严格的监督管理制度。"社会共治的理念第一次被明确提出。

2015 年《食品安全法》修改，对社会组织参与食品安全风险治理的职能、责任、义务、权利作出了明确的规定，进一步明确了食品安全社会共治的格局，确定了食品安全工作贯彻预防为主、风险管理、全程控制的重要原则。新《食品安全法》体现了风险治理的主体不仅是政府监管部门，而且还包括食品的生产经营者、消费者，消费者、企业和政府行为的监督者——新闻媒体、其他社会力量（如第三方认证和检测机构、社会团体等）。与此同时，《食品安全法》还落实了政府职能转变的成果，明确了食品安全风险交流机制，完善了创新监管机制的内容。在此基础上，《国境卫生检疫法实施细则》等一系列相关立法逐步修改，逐渐形成了以《食品安全法》为核心的较为完备的食品安全法律体系，构建了食品安全风险事前预防、事中处置、事后追责的较为完备的法律防控机制。

2018 年 3 月，第十三届全国人民代表大会第一次会议审议通过了《国务院机构改革方案》，该方案明确提出，将国家工商行政管理总局、国家质量监督检验检疫总局、国家食品药品监督管理总局、国家发展和改革委员会的价格监督检查与反垄断执法，商务部的经营者集中反垄断执法以及国务院反垄断委员会办公室等的职责整合，组建国家市场监督管理总局，作为国务院直属机构，不再保留国家工商行政管理总局、国家质量监督检验检疫总局、国家食品药品监督管理总局。新组建的国家市场监督管理总局负责市场综合监督管理，统一登记市场主体并建立信息公示和共享机制，组织市场监管综合执法工作，承担反垄断统一执法，规范和维护市场秩序，组织实施质量强国战略，负责工业产品质量安全、食品安全、特种设备安全监管，统一管理计量标准、检验检测、认证认可工作等，同时下设国家药品监督管理局，负责药品经营销售等行为的监管。该项改革正在推行之中，预计将会对我国食品安全监管体制及风险防控机制产生重要的积极影响。

（二）立法现状

通过对现行立法文本的分析解读，我们认为，当前我国食品安全风险社会共治体系主要涉及食品安全风险评估、风险交流、风险预警、风险处置、风险善后等几方面的制度，以下从社会共治的角度略加阐述。

1. 风险评估制度

《食品安全法》《食品安全法实施条例》《食品安全风险评估管理规定》等法律法规确立了食品安全风险评估制度，并对食品安全风险评估程序作了明确规定。所谓的食品安全风险评估，一般是指为获取新的可能威胁食品安全的因素，需要判定某一因素是否对食品安全构成隐患或是通过食品安全风险监测、举报发现食品可能存在的安全隐患而进行的事先预测。在我国，食品安全风险评估有多种情形，主要包括为食品安全标准的制定而进行的风险评估、为食品安全监管确定重点领域而进行的风险评估等。

修改后的《食品安全法》通过评估对象、评估主体、评估事由、评估结果通报、评估结果利用、信息公开与交流等建立起较为完善的制度规范体系。食品安全风险评估是一个对食品安全建立科学认识的过程，风险评估结果既是风险防控工作的前提，也是开展日常监管的主要依据，这样一方面能保证上述行为的科学性，另一方面是风险评估的价值体现。[1] 修改后的《食品安全法》在原来规定的开展食品安全风险评估的基础上，对食品安全风险评估结果的信息公开也做了规定。只有将潜在的健康风险及时告知公众，才有利于帮助公众树立科学的认识，真正发挥防范食品安全隐患的作用。食品安全风险评估以风险监测得到的信息、数据及其他相关信息作为依据和线索。在我国，政府下属的卫生行政管理部门负责组织食品安全风险评估工作，具体的工作由卫生部门组建的食品安全风险评估机构进行。当卫生部门发现食品可能存在安全隐患，便会启动风险评估。农业管理部门、质监部门、工商部门、食药管理部门在获取相关信息的情况下，也可以向卫生部门提出启动风险评估的建议。卫生部门确定的食品安全风险评估机构应当在法律法规要求的时限内完成数据收集、信息分析、结果汇总等工作，并及时上报和公布评估结论。

2. 风险交流制度

风险交流源于 20 世纪 70 年代末，最早多应用于自然灾害中的风险信息沟通。FAO（联合国粮农组织）、WHO（世界卫生组织）将风险交流解释为政府、学者和公众等风险利益相关方之间的信息和意见互换的过程。中国的食品安全风险交流制度构建刚起步，缺乏完善的风险交流规范体系，[2] 原有的分段监管模式在历经了多次食品安全体制改革后，已经转变为"三位一体"

---

[1] 李菁笛：《食品安全治理的应然逻辑与路径——基于新〈食品安全法〉的分析》，载《新疆社会科学》2016 年第 6 期。

[2] 沈岿：《风险交流的软法构建》，载《清华法学》2015 年第 6 期。

的统一监督管理模式。在国家层面，国家市场监管总局统一对食品生产、流通和消费环节的安全性、有效性实施监督管理，农业部监督全国初级食用农产品的生产，风险评估工作以及制定食品安全标准则工作由国家卫生和健康委员会负责。《食品安全法》从食品安全风险监测对象、计划、方案、结果以及风险监测工作的开展等方面对食品安全风险监测制度作了详细规定，在内容上增加了有关制定、实施食品安全风险监测计划的部门的规定，有关制定、调整地方食品安全风险监测方案的部门的规定，以及有关公布食品安全风险监测结果的规定，进而完善了食品安全风险信息的核实交流机制和食品安全风险监测计划的调整机制。

2018 年修改后的《食品安全法》还落实了政府职能转变的成果，明确了食品安全风险交流是从政府到食品的生产者、消费者、媒体和其他社会力量共同治理的理念，强化了地方政府和企业的主体责任，补充了创新监管机制与方式的内容。

3. 风险预警制度

依据我国《食品安全法》《食品安全法实施条例》《食品安全信息公布管理办法》等法律法规，全国范围内食品安全风险预警信息的发布机构是国家卫生和健康委员会，特定区域内的风险预警，可由省级卫生部门发布。食品安全预警信息公布后，食品安全监管部门除了采取相关的应对措施，还应及时对相关内容进行解释、说明。与此同时，我国食品安全监管部门及其他主管部门在得知食品安全风险信息后，须立刻向卫生部门通报，卫生部门也有权主动与相关主管部门进行沟通、联系，在汇总信息、评估风险的基础上，决定是否发布预警信息。

我国食品安全风险预警信息的发布有多种形式，政府部门可以通过政府网站和政府公报的形式进行及时发布，出现重大情形时可以采取新闻发布会的方式公开相关信息，当然，还可以借助新媒体（微博、微信）、电视、广播和报纸杂志等的影响力公开信息。除此之外，2010 年颁布的《食品安全信息公布管理办法》还规定，新闻媒体承担着对食品安全风险预警信息进行传播的义务，同时还负有舆论监督责任。这表明，社会共治的理念已经渗透在我国食品安全风险预警中，并形成了较为明确、清晰的制度体系。

4. 风险处置制度

随着《突发事件应对法》的出台及《食品安全法》的修改，我国食品安全风险处置的法制化水平得到了大大的提升。以召回制度为例，2009 年颁布的《食品安全法》以法律形式规定了召回制度，标志着召回制度的正式诞生。后来，《食品安全法》将召回制度严格化。明确对不符合安全标准的食品进行召回是食品生产经营者的责任，此外在召回不合格产品的同时，辅之相关的配套措施，例如，通知相关经营者和消费者，将召回情况通报主管部门，将召回的产品一并销毁等。县级以上人民政府食品药品监督管理部门有权对食品生产企业的召回情况进行监督。如果说市场准入制度是在食品安全监管中采取积极主动的措施进行预防，那么召回制度就是在风险已经出现但还未发展成食品安全事件时采取措施进行补救。两者相互衔接、合力出击，方能增强食品安全风险防控能力。

需要特别指出的是，我国在食品安全风险处置中注重把应急管理工作融入食品安全的主要环节，在风险评估、检测、预警和分析的基础上，防止风险扩大，减少对民众生命财产的损害，这体现了群策群力、共同治理食品安全风险的新理念和新做法。

5. 风险善后制度

我国食品安全风险善后制度主要规定于《突发事件应对法》《食品安全法》《突发公共卫生事件应急条例》中。《突发事件应对法》主要适用于包括公共卫生事件在内的各类突发事件，搭建了食品安全风险防控善后制度的基本法律框架，对突发事件善后处理的方式、方法、步骤等都作了详细规定。《食品安全法》用 8 个条文专章规定了食品安全事故的处置问题，并在一定程度上完善了食品安全危机应急管理体系，为政府部门事后的有效管理提供了法律依据。《突发公共卫生事件应急条例》则界定了公共卫生事件的法定情形，明确了各级政府在公共卫生事件处理中的职责，这对于防控食品安全风险、保障广大民众的身体健康、减少类似事件的再次发生有着十分重要的意义。此外，我国《国家重大食品安全事故应急预案》规定，地方各级食品安全综合监管部门需要结合本地实际，负责所辖区域内的重大食品安全事故应急救援的组织、协调以及管理工作。但总体而言，现行立法规定得过于简单、粗疏，缺乏针对性和可操作性，且缺乏对于食品生产经营者、各类社会组织及消费者有效参与的规定，难以满足食品安全重大突发事件善后之需要。

（三）完善举措

1. 健全风险评估制度

我国食品安全风险评估开展得较晚，直至 2009 年，《食品安全法》才正式确立了风险评估在食品安全防控中的法律地位。经中央机构编制委员会办公室的批准，2011 年 10 月成立的国家食品安全风险评估中心是我国第一家国家级食品安全风险评估专业技术机构。

更为重要的是，风险评估不仅仅是科学问题，而且还包括政治、经济、文化、宗教等因素。中国食品安全监管现有的风险评估往往过于偏重科学技术领域，各个监管部门的食品安全专家委员会成员基本上是卫生、防疫、营养、检验等领域的纯技术性人员，缺乏社会学、心理学、传媒学、法学等方面的专业人士，加之不同领域的专家身处环境不同，利益立足点有别，考虑问题的角度有差异，因此，需要统筹食品安全监管的风险评估人员。由此出发，我国食品安全风险评估制度应从以下几方面予以完善。

首先，应当整合各类评估机构，强化评估主体的职能职责。我国风险评估体系的顶层设计有待加强，各类风险评估部门和机构间的关系有待理顺，特别是应当将分散在食品安全监管部门、进出口检疫检验部门、农业管理部门的风险评估力量整合进卫生行政部门，同时强化卫生行政部门风险评估机构的独立性、专业性建设，确保评估科学有序。

其次，应不断提升风险评估水平。在策略上，应当重点突出，强化健康导向评估的能力，即围绕风险评估的基本要素，提升危害识别能力，重视健康指导值或剂量，这是评估的核心内容，也是最基础的部分。在此基础上逐渐将能力延伸到为各个要素服务的外围技术，逐渐形成多层次的、满足多方面需求的风险评估技术体系。

再次，继续完善风险评估工作机制。在内容上，一是加强基础数据建设，提高数据共享水平，完善风险评估基础数据库。二是提高数据分析运用能力，建立适用我国人群的模型方法。三是提高风险评估结果向食品安全标准制修订等监管措施转化的能力，加强针对特定监管需求的评估技术研究。

最后，要强化风险评估工作的保障力度。应当加强人员、经费保障，在政策上有所倾斜，加大对风险评估建设的扶持力度，使监测、标准、评估这三项工作作为食品安全监管之支撑齐驱并进，不出现短板。此外，还要注重完善风险评估组织建设和专家治理模式，加强风险评估基本知识的宣传、普及。

2. 优化风险交流制度

随着《食品安全法》的修改，我国食品安全风险交流法治化水平得到提升。但我国食品安全风险交流仍处于起步阶段，面临着政府层面多元主体间的利益冲突、决策层面民主性缺失、实施层面缺乏技术支持等挑战。

首先，食品安全风险交流是一个多方主体参与沟通交流的过程，这个过程本身就是持不同意见和见解的主体通过磋商达到一个平衡状态的过程，因此应当重视风险交流机构的独立性。以日本为例，日本于 2003 年增设了隶属于日本内阁的食品安全委员会，形成了食品安全委员会、农林水产省和厚生劳动省"三位一体"的政府宏观管理体系。在这一点上，日本的做法值得我国借鉴。

其次，风险交流机制的形成应当满足多元化的要求，在传统的自上而下的监管模式的影响下，信息是通过发布者单向传递给接收者，信息接收者被动服从，难以实现真正的沟通交流。受传统监管模式的影响，我国食品安全监管的主体仍然具有较强的一元化色彩。虽然《食品安全法》第三十二条将食品安全风险交流主体扩大至食品安全领域的相关专家和社会组织，将作为市场主体的食品安全生产经营者纳入其中，但却把广大的消费者拒之门外，这是民主性缺失的表现。

最后，食品安全风险交流机制的特性要求我们审慎地对待不同交流对象的特点，要以掌握准确信息为前提，把握交流时机，否则会造成交流的失灵。实践中，交流失灵典型地表现在媒体与公众之间的交流。媒体报道与公众认知无法有效地吻合，反而使得公众对媒体报道产生怀疑。与公众之间的交流技巧之选择更应引起政府的足够重视。交流更加注重的是彼此共享信息的过程而非结果，一味追求结果的交流，反而会得不偿失。政府的内部组织机构的沟通主要通过信息通报制度实现，而食品安全风险交流显然不是单纯的信息告知，需要相互间的交流互动。① 而这在政府缺乏食品安全风险交流工作的目标定位，不讲求风险交流技巧的状态下无法实现。

由此出发，我国食品安全风险交流制度应从以下几方面予以完善。

第一，应当细化《食品安全法》中关于风险交流的规定。《食品安全法》中只有一条涉及食品安全风险交流，这远远不能满足实践之需要，应通过制定行政法规或部门规章的形式，对风险交流的参与主体、参与方式、参与程序等内容作出细化的规定。

第二，应当促进"互联网＋"与政府信息公开的融合。政府机关应当利用互联网搭建多种信息沟通平台，除了专门的信息门户网站外，还可设置专门的手机查询软件，开通微信公众号、政务微博等方式，加强政府机关、专家与普通民众之间的互动交流。与此同时，政府机关各部门有关食品安全的信息应当互联互通，实现资源共建共享共用，共同防控食品安全风险。

第三，健全举报奖励制度。具体而言，要进一步畅通举报渠道，实行举报受理多部门联动；要制定详细的举报奖励办法，明确实施奖励的条件、标准、程序等内容；要通过设立食品安全专项奖励基金等办法，确保奖励资金的来源稳定、可靠；要采取有效措施保障举报人的合法权利，为举报人保密，对打击报复举报人的行为予以严厉制裁。

第四，要完善各方的协作机制，加强风险交流能力建设。应当考虑设立交流食品安全风险的专业机构，建立健全舆情监测与反应机制。遵循社会共治的基本要求，除了政府部门相互间的交流协作，食品生产经营单位、新闻媒体、消费者协会等社会组织、普通民众等都是风险交流的重要参与者与实

---

① 戚建刚：《风险规制过程的合法性之证成——以公众和专家的风险知识运用为视角》，载《法商研究》2009 第 5 期。

践者，应当采取有效措施，调动各方的参与积极性，实现信息共享，进而有效防范与化解食品安全风险。

3. 改进风险预警制度

2015 年修改后的《食品安全法》明确规定了食品安全预警制度，该法对于食品安全风险监测和风险评估的规定也在一定程度上涉及风险预警问题。《食品安全法》中规定的预警主体是国家出入境检验检疫部门，换句话说，都是针对出入境涉及的食品安全事件，抑或与进出口食品相关的事宜。整体而言，立法规定缺少全面性和可操作性。比如，法律只规定了食品安全的进出口预警环节，但风险预警是一项涉及全过程的庞大工作，完整的预警制度是从食品的生产预警、加工预警到流通预警，最后才是进出口预警，需要从头至尾的监督，仅仅规定进出口环节的预警显然是不够的，这样的预警分工机制规定模糊、不明确，存在弊端。我国出台的《进出口食品安全管理办法》《进出口食品安全信息及风险预警管理实施细则》使得我国在进出口预警方面的相关制度得以完善，另外，《出入境检验检疫风险预警及快速反应管理规定》等相关规定保障了进出口预警机制的运行。但是，这种进出口预警机制的设置并没有体现出实时性和有用性，仍然存有很多缺陷，影响了食品安全风险的有效防控。

此外，政府部门对于食品安全风险预警的责任还不清晰。尽管 2013 年的政府机构改革在一定程度上理顺了监管体系，清晰地分配了我国食品安全风险预警机制的实施主体，但我国食品安全风险预警制度依然还有诸多空白与缺陷，特别是对预警机制的运作流程缺乏明确、具体的规定，对于预警机制的配套举措，比如惩罚制度的规定也较为欠缺。

健全我国食品安全风险预警机制之关键是将风险监测工作与预警工作紧密结合，运用于食品安全监管的全过程。其核心在于完善食品安全信息监测网络，在加强信息跟踪的基础上，把食品安全综合检测信息和带有季节性、规律性、普遍性的食品安全消费信息进行科学分析，并及时报告决策部门，建立一个反应敏捷的食品安全风向预警体系，预防和提前消除影响食品安全的危险因素。因此，一方面需要对《食品安全法》中有关食品安全预警制度的内容进行增补、修订，将预警主体、预警网络、预警程序等纳入法制轨道，从制度上确保对食品安全风险作出有效预警。另一方面，应当整合各类资源，构建一体化的食品安全风险预警系统。在此问题上，欧盟的做法值得借鉴。2002 年，欧盟在《食品安全白皮书》的基础上制定了《通用食品法》，并在此基础上建成了欧盟食品与饲料类快速预警系统（RASFF），该系统是一个连接欧盟委员会、欧洲食品安全管理局以及各成员国食品与饲料安全主管机构的网络，形成了一个欧盟内部的高效循环合作模式，最大限度地保证食品安全，有效地维护消费者的合法权益。

4. 细化风险处置制度

如前已述，《食品安全法》专章规定了食品安全事故的处置问题。从立法规定的内容看，涉及国家食品安全事故应急预案的制定、食品安全事故的报告、食品安全事故应急措施的采取、食品安全事故的调查等问题。但整体而言，立法规定的操作性问题突出。比如，在食品安全事故应急措施上，立法规定了启动应急预案、进行应急救援、开展检疫检验、封存与清洗消毒、实施信息发布五种措施，但对每一种措施的实施主体、条件、步骤、方式、方法、时限等均语焉不详，这在一定程度上影响了应急工作的有效开展，也给权力滥用留下了空间，不利于应急工作的法制化。国家之治理有常态治理和应急治理两种模式，不同治理模式中，行政权力的发挥有着重要的差异，应当有针对性地进行立法规制。在中国的现实国情下，应当构建统一立法与分散立法相结合的善治模式。① 除《突发事件应对法》对具有共性的应急处置事项做出明确规定外，《食品安全法》作为特别法应当对食品安全风险处置问题做出有针对性的规定。

由此出发，我国食品安全风险处置制度应从以下几方面予以完善：

首先，应当实现《食品安全法》与《突发事件应对法》的有机衔接。公共卫生事件既是突发事件的一种，也是食品安全风险集中暴发的表现。因此，《食品安全法》与《突发事件应对法》均是规制食品安全风险处置活动的立法。就立法内容看，两者在处置主体、处置程序、处置措施方面，不完全一

---

① 吴卫军、谈迅：《问题与建议：对我国行政紧急权力立法模式的反思》，载《中国党政干部论坛》2013 年第 2 期。

致。应当在总结实践经验的基础上，实现两法的有机衔接，避免适用上的困境。

其次，应当将《食品安全法》中规定的"食品安全事故处置"修改为"食品安全风险处置"。"事故处置"是指发生了严重后果的应对处理，"风险处置"既包含对已经发生了的后果的应对，也包含对可能发生、正在发生的情况的应对，因此，使用"风险处置"更为准确、涵盖面更广，也更能体现立法的核心要旨。

最后，应当对食品安全风险处置的特殊要求予以明确规定。《食品安全法》的规定在相当程度上体现了食品安全风险的特殊性，比如，食品溯源制度、召回制度等就是非常典型的例证。但是，还应考虑一些常见的制度在食品安全风险处置过程中的运用，比如信息公开制度。基于风险为本的防控理念以及食品安全风险可能引发的严重后果，处置食品安全事件时要求公开决策更快、公开范围更广，这就意味着常态下的信息公开制度不能满足实际的需要，应当在立法中作出特殊的规定。

5. 强化风险善后制度

我国食品安全风险善后机制不健全，主要表现在以下几方面：其一，立法缺乏可操作性、法律法规配套机制不健全。现行的法律规范体系中，食品安全风险的善后管理主要规定于各类应急预案中，法制化程度不够；仅有的立法条文概括性强、操作性低，明显不能满足紧急情况之善后处理。其二，缺乏独立的、常设的综合协调机构。食品安全事件善后处理工作千头万绪，牵涉多个相关职能部门，需要统一协调、分工合作、相互配合。但是，我国地方政府的综合协调机构一般是在危机应急管理时临时设立的，无法有效地整合社会资源、协调政府各职能部门，且在危机消除之后就解散。这使得组织体系、队伍人员和应急经验的发挥总结都不稳定，难以延续或保留。其三，信息公开的制度供给不足。《政府信息公开条例》主要是规范一般性的政府信息公开，法律层次较低。《突发事件应对法》《突发公共卫生事件应急条例》《食品安全法》等对食品安全事件信息公开只是稍有提及，尚未形成有机体系，并且这些法律法规对食品安全事件信息公开之规定也多局限于行政行为的实施过程，范围狭窄、内容单薄，对善后过程中的信息公开问题极少有涉及。

由此出发，我国食品安全风险善后制度应从以下几个方面予以完善。

首先，应当将风险善后工作纳入法制化轨道。如前所述，《食品安全法》等法律法规对食品安全风险善后问题甚少涉及，散见于政府部门各类应急预案，这样的做法不利于善后工作的常态化运作。因此，应当根据实际操作效果，在吸收借鉴域外经验的基础上，将风险善后规定在法律文本中。

其次，应当明确风险善后工作的责任主体。食品安全风险处置完毕后，科学的善后工作是保障人民生命财产安全、稳定社会正常秩序、恢复民众信心、防止类似事件再次发生必不可少的重要环节。基于善后工作的重要性，我们认为，立法应当确立各级政府作为善后工作的责任主体，统一负责开展善后工作。

最后，应当详细地规定风险善后工作的主要内容。风险善后工作的涉及面广、事务繁多，我们认为至少应当将以下内容在立法中加以细化：受害人的安置补偿、事故责任的追究、事故经验的总结、类似风险再发生频率的评估。除此之外，还应考虑风险善后工作涉及的人力、物力、财力支撑等。

（四）配套机制

除了前述制度的变化外，我国食品安全风险社会共治体系的作用发挥还有赖于一系列配套措施的落实。在当前，以下几个方面的工作显得尤为重要。

一是公众素养之提升。公众的知识水平（对食品安全的了解程度）会影响食品安全风险防控的最终效果，因此，应当重视公众素养之提升。当前，特别需要按照《食品安全宣传教育工作纲要（2015—2020 年)》的要求，开展多种形式的宣传教育，引导作为普通消费者的公众形成对食品安全风险的科学认知，不信谣、不传谣、理性消费、科学消费。

二是技术手段之改进。发达国家普遍依据风险分析结论来构建食品安全风险防控体系，加强食品安全风险管理责任，因此各种风险管理工具不断被开发出来并在实践中得以广泛运用，转化速度相当快，而且对于科研的最终服务也基本到位。我国食品安全风险分析和检测的技术手段还较为落后，标准缺乏，应明确标准的制定主体，建立广泛的参与制度，改进食品安全风险防控的技术手段。

三是人才队伍之建设。我国食品安全隐患日渐显现，风险防控工作亟待落实。与健康教育专业相比，风险防控重视危机管理、风险认知等，涉及的专业知识较多。因此，需要规划人才队伍的建设，培育一批高素养的风险防控人员，策划、组织开展多种形式的食品安全风险交流活动，以正确迅速地处理食品安全事件。特别需要指出的是，处于转型期的食品安全监管论和监管实务迫切需要既掌握先进科学技术，又通晓法律知识的专业人才。然而，我国长期以来的人才培养模式存在科学技术人才与法律人才之间的割裂，从而导致在食品监管领域的研究和实践活动中，一线监管人员的能力素质和专业化水平亟待提升。这就需要有针对性地做出调整，培养通晓食品专业知识和法律专业知识的应用型、复合型监管人才，提升现有一线监管人员的专业技能和专业素养。

四是财政保障之强化。食品安全风险防控工作越来越技术化，也愈加复杂多变，这一切来源于科学技术的快速发展，一些新材料、新技术被广泛地应用于食品生产加工中，在一定程度上加速了食品安全风险的不稳定性，给食品安全风险防控工作带来了极大的挑战。为了有效地开展食品安全风险防控工作，经费保障不可或缺。所以，应当鼓励并要求各级政府重视食品安全风险防控工作，采取有效措施加大资金、资源投入，确保食品安全监管工作始终以高科技为支撑，实现对高风险的有效管控与治理。

五、结论

本报告借助实践素材和调研资料，对成都市食品安全风险社会共治体系的现状进行了详细阐述，同时又立足于立法文本，从制度层面对成都市乃至全国食品安全风险社会共治体系的进路做了必要的瞻望，提出的改革建言可能具有一定的局限性、片面性，但如果能够开启对相关问题进一步研究的路径，则本报告的研究目的就达到了。

从整体上看，食品安全是关系国计民生的大事，食品安全风险社会共治体系之构建具有复杂性、长期性、系统性，毕其功于一役的愿望虽然美好，但不具有现实可行性。美国从 1906 年的《纯净食品和药品法》（*Pure Food and Drug Act*）到 2011 年的《食品安全现代化法》（*Food Safety Modernization*

Act)，其食品安全的法制化发展已经走过了 100 多年的历史。我国的食品安全法律制度迟至 2009 年才正式建立，食品安全风险防控机制的法制化进程还不满十年。"年轻"的制度体系必然会存在诸多的问题，也会在摸索中不断成长。只有立足于中国国情，在充分借鉴域外经验的基础上不断更新理念、变革制度、强化配套，我国的食品安全风险社会共治体系才能日趋完善，成为捍卫民众生命健康的屏障与利器。

后　　记

经过一年多的修改、增删，本书终于以现在的面貌问世。囿于学术水平和研究能力，本书还存在诸多不足，请读者批评指正。

本书撰稿情况如下：

第一章，第二章2.1、2.2、2.4，第五章（除5.2.4、5.2.5），第六章，第七章的撰稿人：吴卫军、魏滟（法学硕士，四川省成都市新津区人民法院法官助理）；

第二章2.3，第三章，第四章及第五章5.2.4、5.2.5的撰稿人：吴卫军、钟璐蔚（法学硕士，四川省乐山市五通桥区司法局干部）。

本书为四川省社会科学"十三五"规划2017年度项目（编号：SC17A006）、四川省软科学研究2021年度项目（编号：2021JDR0339）、区域公共管理信息化研究中心2020年度项目（编号：GXH20-02）、电子科技大学哲学社会科学繁荣计划团队培育项目（编号：ZYGX2016STK02）的结项成果，感谢以上项目的资助；感谢所有参与以上项目的课题组成员，感谢电子科技大学公共管理学院及刘智勇教授对本书出版的支持，感谢知识产权出版社编辑对本书的审校修改。

吴卫军

2022年10月于成都